我的家人
抑郁了

[日] 下园壮太　　著
　　 前田理香

宋佳璇　译

机械工业出版社
CHINA MACHINE PRESS

在心理咨询中，许多来访者都会提到这些烦恼、不安和疑问：

- 抑郁状态到底是怎样的症状？
- 抑郁症患者多久才能恢复正常？
- 抑郁是性格造成的吗？
- 在乎的人有轻生的念头，害怕失去他们。
- 让公司知道了自己有抑郁症，我会被辞退吗？
- 抑郁会遗传吗？
- 什么是抑郁状态？
- 无论发生什么事，他们总是装作一副很轻松的样子，内心其实很痛苦。
- 刚才的状态挺好的，为什么会突然恶化？
- 抑郁的人在想些什么事？
- 如何把握重返社会的时机？
- 想要守护患者，应该用怎样的态度与他们相处？
- 越是努力帮助至亲之人，自己就越是疲惫不堪。

本书将完整呈现我们在多年的心理咨询工作中告诉抑郁症患者及其家属的知识。

前　言

抑郁是一种很令人痛苦的病症。因此，我们希望患者本人不是孤军奋战，而是在家庭成员的帮助下逐渐走向康复。

当患者家属看到在乎的人因抑郁而备受煎熬时，也要尝试向他们伸出援手，帮助他们早日康复，成为他们康复的力量。

本书专为感到抑郁的人及其家属（身边的人）而编写。

目前，抑郁已经是一种十分常见的病症，它的治疗方法也已经在一定程度上逐渐确立，只要处理得当，它就没有那么可怕。

但是，患者及其家属对于抑郁常常有着错误的认知，这种错误观念容易加重他们的病情。

在多年的心理咨询工作中，我们发现人们对抑郁症的以下几方面存在很多误解：

- 抑郁的成因
- 产生轻生念头的原因
- 抑郁的痛苦程度
- 抑郁的治疗方法
- 抑郁痊愈所需的时间

如果一直错误地理解上述内容，且不断按照自己的方法来处理，就有可能使抑郁症变得更加严重或者更加持久。此外，家属为患者本人所做的努力，有时也会成为一种压力而非帮助。

本书旨在介绍相关知识，消除大家的误解，使读者能够采取有效措施来改善患者的病情。

迄今为止，我们帮助过很多深受抑郁困扰的咨询者，我们在咨询中不会使用医学专业术语。一方面，患者本人受抑郁病情的影响会出现认知偏差，不易理解复杂的事物；另一方面，支持患者的家属们也常常因为极度不安而陷入恐慌，从而导致理解能力低于日常水平。

因此，本书完整呈现了我们在心理咨询工作中传授的相关知识。例如，脱离抑郁症的定义或医学分类的束缚，基本上就像书名那样，用"抑郁"一词来概括，以及使用一些在咨询中更容易让来访者理解的"说明"和"词汇"，反复传达重要的信息。专家们读了或许会感到有些违和或繁琐，但这也是为了保留现场感，希望读者能够理解。

毫无疑问，抑郁患者正深受病情的折磨，但给他们提供帮助同样是一件非常困难的事。我们衷心希望读者们能够通过本书正确地认识抑郁症，在照顾好自己的同时，为抑郁症患者提供更好的守护和支持。

下园壮太

前田理香

目　录

前言

第1章 | 理解抑郁的机制

第 2 章 | 理解抑郁症患者的感受方式和思维方式

第3章 和抑郁相处，
你需要知道这 8 件事

第4章 | 当家人抑郁时，怎样既能陪伴
他们，又能同时照顾好自己？

第5章 做好持久战的准备

后记

理解抑郁的机制

1 抑郁症与遗传和性格无关，是一场谁都可能会遭遇的"心灵骨折"

 正确认识抑郁症

你对抑郁症的印象是什么？

"抑郁症"这个词有时会出现在电视、报纸和杂志的特辑中，完全没听说过它的人应该很少。

很多人都知道这是一种心理上的病症，但是对此却并不了解。

甚至有人会觉得"这难道不是情绪问题吗？""抑郁症与我无关"，或是"这种病一旦得了就治不好"。

如果你是这样看待抑郁症的，那么当你听说家人或其他重要之人患上了抑郁症时，你会比患者本人更加动摇、混乱和不知所措。你会不懂得如何把握与他们之间的距离，有时像是遇到肿包一样想要回避，有时又给予他们过度的关心和照顾，最后往往有损你和家人之间的信任，自己也遭受沉重的伤害。

知己知彼，百战不殆。——孙子

（对敌人的情况和自己的情况有透彻的了解，作战就不会失败。）

为了让读者能够沉着冷静地应对上述情况，首先让我们来看看抑郁症的病理机制。

抑郁症是由遗传造成的吗？

有时我会在心理咨询中被问及这样的问题："抑郁症会遗传给下一代吗？""我爷爷有抑郁症，是他遗传给我了吗？"

抑郁症不是单纯地由某种特定基因引起的。

让我们以骨折为例。

你曾经骨折过吗？

我在 30 多岁时右腿骨折，经历了一个月左右的石膏生活。

据一项对 600 名 20~60 岁人群的调查显示，大约有百分之三十的受访者回答"有过骨折的经历"。

骨折发生的原因大致分为以下三类：

（1）因交通事故、跌倒或其他外伤所导致的骨折；

（2）因过度运动引起的特定部位疲劳性骨折；

（3）由疾病引起的骨骼脆弱。

"（3）由疾病引起的骨骼脆弱"包括骨质疏松症（一种由年龄增长导致的骨骼脆弱性疾病）和癌症转移（如果癌症扩散到骨骼，骨骼将会变得脆弱）等等。骨质疏松症的原因与遗传有关，如果你的家庭成员患有骨质疏松症，则你自己患病的风险也会增加。

然而，通常情况下我们不会说，一个人的骨折是由遗传造成的。

这是由于与遗传引发的骨折相比，因跌倒和其他外伤造成骨折的人占绝大多数。当我骨折时，如果有人对我说："这是因为遗传吧？"我可能会吓一跳。

　　抑郁症也是如此。有研究显示，抑郁症的发病与遗传因素有关，但这并不是说只要拥有这种基因，就一定会得抑郁症。事实上，**绝大多数人患抑郁症都是受到了非遗传因素的影响。**

抑郁症是由性格造成的吗？

　　那么，性格是否会导致抑郁呢？

　　我们仍以骨折为例。性格外向且容易粗心的人，或许比起性格内向且谨慎的人更容易受到伤害，那些擅长忍耐且有毅力的人，或许更容易在运动中发生疲劳性骨折。

　　从这个意义上来说，我们无法完全否认性格给抑郁症带来的影响。

　　即使这样，也几乎没有人会断然说："骨折就是由性格造成的。"这是因为无论我们多么小心翼翼，也会因事故或其他原因而骨折，这种情况在任何一个人身上都有可能发生。

　　人们通常说，一个认真、有责任感、有耐心且勤奋的人，更容易因积攒压力而患上抑郁症。的确，这种性格的人承受的压力可能要比其他人大得多。

任何性格的人都有可能变得抑郁

其中，还有的人觉得"我太软弱了""我无法积极地看待事物"，以及自己容易受伤、懦弱的性格是造成自己抑郁的根源。

那么，患上抑郁的人都是同样的性格吗？

并非如此。

实际上，**那些平时不慌不忙且责任感薄弱的人、乐观且心情转换很快的人，或是敢于明确表达自己观点的人，也会患上抑郁症。**

案例：建筑公司销售员 A（40 岁，男性）

A 是一名优秀的员工，性格开朗，深受顾客信赖。周末，他还是一名足球运动员，担任少年足球队的教练。

即便是在经济低迷时期，A 依然创下了良好的销售业绩，多次荣获表彰，不但赢得了同事们的尊敬，而且领导也放心地把工作交给他放手去做。

当周围的人问："你似乎没有什么压力，对吗？"他总是回以标志性的微笑，"是的，我希望看到客户满意的笑容，所以没有太多的时间来感受压力。"

A 的状态在更换领导的半年后发生了变化。新领导要求他事无巨细地向自己汇报，并亲自指挥工作。

A 无法再按照自己的想法工作了。他曾多次与领导沟通，但并未获得理解，为了制作给领导的汇报资料和给客户的说明资料，经常加班加点。

当 A 的笑容消失，大家都在为 A 的气色憔悴担忧之时，A 已经无法出勤，被确诊为抑郁症并申请了停职。

职场的同事们谁都没有想到 A 会患上抑郁症，但最惊讶的还是 A 本人。

"有的性格容易抑郁。"这种说法只是一种学术比较。

让我们拿新型冠状病毒（以下简称"新冠"）来举例。即使有数据显示东京比岩手县的罹患率更高，这也并不意味着所有生活在东京的人都感染了新冠。相反，住在岩手县的人也有可能感染新冠。

同理，像 A 这样积极开朗、能够抗压的人也会得抑郁症。

也就是说，**人是否会患上抑郁，事实上与性格几乎毫无关系。**

 抑郁症是心灵感冒还是心灵骨折？

你或许听说过这样一句话："抑郁症是一场心灵的感冒。"

1998 年，日本的自杀人数超过 3 万人，成为一个社会问题。人们实施了多种探明自杀原因的调查，结果显示，自杀行为与抑郁症等精神疾病具有很强的关联性。

当时，人们对抑郁症尚未充分了解，很多人都抱有偏见或担忧，例如"这是一种不善交际的人得的病"，或者"不知道如何与他们相处"，等等。

为了消除这种印象，实现早发现、早治疗，制药公司于 1999 年推出了这句广告语："抑郁症是一场心灵的感冒。"

这句话传递的信息是，"抑郁症是一种谁都有可能患上的疾病""只要得到合理的治疗就会痊愈""如果认为自己患上了抑郁症，请尽早就医"。人们开始将抑郁症视为常见的疾病之一。

然而，"感冒"一词也使人们误认为，抑郁症就像感冒一样，仅需数天即可轻松痊愈，又或是像感冒一样的轻症。

这句话真正想传达的信息是：

抑郁症

- 任何人都有可能患上；
- 有恶化的可能性（有时会危及生命），必须采取适当的措施；

- 恢复缓慢，乍一看似乎治好了，其实恢复需要相当长的时间（短则数周，长则数年）；
- 想要恢复到能发挥原来表现的状态，康复训练非常重要。

为了将上述信息准确传达给读者，我们会使用**"心灵的骨折"**，而非"心灵的感冒"来描述抑郁症。

让我们一起深入了解抑郁吧

2 **心理失调的原因尚未明确，**
不同医生的意见莫衷一是

 诱发抑郁症的几种情况

前文我们阐释了抑郁症和遗传、性格没有太大的关系。那么，为何会发生像抑郁症一样的心理失调呢？

诱发抑郁症的情况有以下几种：

- 经历创伤性事件，例如亲人的离世、离婚等；
- 持续性的环境变化；
- 激素分泌紊乱，例如更年期、分娩等；
- 干扰素等副作用，例如降压药、癌症治疗药物等；
- 疾病引起，例如脑血管障碍、传染病等；
- 疲惫困乏。

　　研究者根据不同研究目的对上述情况进行了归类和统计。我们在咨询工作中发现，绝大多数人的抑郁都是由"疲劳不堪"引起的，也就是能量枯竭。

 ## 三种疲劳

　　疲劳有三类：第一类是肉体疲劳，由运动、劳动等肌肉的持续活动引起；第二类是脑疲劳，源于学习、工作等大脑的持续活动；第三类是情绪性疲劳，源于我们压抑自己的感情，有时是忍受讨厌的事物，有时是长期强迫自己表现出活泼开朗的样子。

疲劳的种类		疲劳的原因	觉察难度
肉体疲劳		运动和劳动	容易
精神疲劳	脑疲劳	学习和工作	难
	情绪性疲劳	压抑情绪	难

　　疲劳和疼痛、发烧一样，都是一种身体异常的警报，告诉你如果再这样下去就会陷入危险。**与身体感受到的肉体疲劳相比，脑疲劳和情绪性疲劳更难觉察**，因此很多时

候我们没能及时应对，直到"能源库"枯竭，陷入抑郁状态，才猛然察觉到身体的异样。

 大脑发生了什么？

事实上，人类在科学上尚未完全解明抑郁症的发病机理。

但我们已经逐渐了解，当人因压力而陷入抑郁状态时，大脑和身体内部会发生怎样的变化。

人在感到焦虑或恐惧（压力）时，大脑中的杏仁核会变得兴奋，发出"应对不安和恐惧"的指令。

当该指令传达到下丘脑时，下丘脑会命令肾上腺"做好与压力战斗的准备"。随后，肾上腺会分泌压力激素，即肾上腺素、去甲肾上腺素和皮质醇等。

它们也被称为"战斗或逃跑激素"，是我们人类从原始人时代就拥有的东西，在生死存亡之际，能够帮助我们将身心调节到能够进行极限活动的状态。

为了方便读者理解，让我们用原始人的例子来说明。

一名原始人正在森林中寻找食物时，突然遇到了猛兽袭击。原始人受到惊吓，为了能让伤口迅速止血，他体内的毛细血管会收缩，血液会变得黏稠。

克服危机需要让身体活动起来，因此心脏会强有力地跳动，让黏稠的血液充满每一块肌肉。

为了保护脖子和腹部等要害部位，人的肩膀会自动发力，弓起背部，呼吸也会变浅变快，以便给受到挤压的肺部输送氧气。专注力也会提升，以便迅速判断是逃跑还是战斗。

这种变化就是我们所说的"应激程序（类似于应用程序）"。

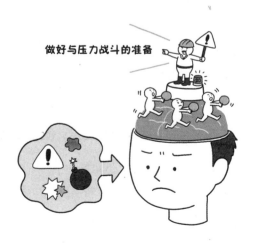

做好与压力战斗的准备

应激程序

在应激程序下，人会消耗大量的能量。我们的大脑和身体在促进代谢、生产所需能量的同时，还会抑制消化等能量消耗。这是一种为了求生而竭尽全力的状态。

应激程序本来是一种为了度过生死关头的临时性功能，当压力状态结束后，压力荷尔蒙分泌停止，身体就会恢复到原来的状态。能量消耗也会减少，稍微休息一会，就能够恢复正常活动了。

现代人极少会遭遇猛兽，也极少有挨饿的时候。**现代人主要面临的是情绪性疲劳，长期忍受着隐性压力。**

这种压力没有明确的结束。大脑会判断"危机状况仍在持续"，并继续分泌压力激素，因此人们会在不知不觉中变得精疲力竭，陷入抑郁状态。

 不同医生间的意见分歧

抑郁症不同于骨折或外伤，不是一种从外表就能判断的疾病，也不像胃溃疡或肺炎，用胃镜或 X 光等检查就能诊断出来。

医生会询问患者的感受和身心状态，患者根据自身情况用自己的语言回答，然后医生就会通过这种交流来做出诊断。所以，经验丰富的医生和缺乏经验的医生，面对相同的问诊内容时很有可能会发生意见分歧。

 不同科室间的意见分歧

有时候，不同科室之间也会存在意见不一致的情况。

近年来，科室的划分日趋多样化，例如精神科、心身科和心理咨询，等等。为了减少患者就诊时的抵触情绪，越来越多的医院取了一些柔美好听的名字，可一旦患者想要就诊，就会在意其中的差异。以下的说明可能有些直接，但请读者想象一下大致的场景。

在诊疗心理疾病这一点上，各个科室并无二致，但精神科是专业治疗抑郁症、精神分裂症和抑郁狂躁型忧郁症等心理疾病的科室；心身科是专业治疗由压力引发的内科症状的科室；心理咨询的诊疗内容涵盖了精神科和心身科，其特征是以去医院治疗为主。

科室	主要诊疗内容
精神科	专业治疗抑郁证、精神分裂症和抑郁狂躁型忧郁症等心理疾病 例：记忆和情感的护理
心身科	专业治疗由压力引发的内科症状 例：身体状态护理
心理咨询	涵盖了精神科和心身科，以去医院治疗为主 例：现实压力和现实生活护理

让我们用前面原始人的例子来想象一下。

假设原始人在与猛兽的对抗中，进行了非常激烈的搏斗。对抗结束，原始人受伤并且疲惫不堪，陷入了抑郁状态。自此原始人失去了战斗的意志，沉浸在被猛兽袭击的恐惧中，睡不着觉、吃不下饭。

我们有几种方法来处理这种状态——以改善原始人身体状态为主的方法、改善现实生活以不被外敌袭击的方法，以及改善原始人恐惧心理（记忆和情感）的方法。心身科主要负责的是身体护理，精神科主要是消除恐惧心理，心理咨询则主要是应对外敌（即应对现实压力）。

任何一名医生都能帮助你改善失眠和身体的不适，甚至是内科、外科、妇科或私人医生，都可以将精神疾病和当前的病症综合起来为患者进行诊断和治疗。

我们必须明白，**不同医生和医院的专治疾病以及经常诊治的患者的状态水平都有所差异，因此有时候即使对于同一位患者他们的诊断也会不同。**

对于同一位患者来说，如果更换了医生，很有可能诊断名称和治疗方案也会随之改变。

不论是患者还是患者的家属，都不能把医生说的话和写在诊断书上的内容当成是绝对正确、永恒不变的方案。

3 不要把诊断结果看得太重

 如果家人确诊了抑郁症

家人的状态急转直下。你担心地劝他（她）去医院就诊，家人却回答"没关系"，你对此感到束手无策，焦虑、不安充斥着你生活的每一天。

终于，家人接受了你的劝告去医院就诊，诊断结果是抑郁症、抑郁状态、适应障碍……

此时你是什么感受？

是知道病名后终于松了口气，还是比就诊前更担心了呢？

很多患者家属在听到病名后，都会表示以下的疑问和担忧：

- 这种病能治好吗？

- 恢复需要多长时间？

- 无法安心工作，必须要请假休息吗？

- 如果被公司知道了，是不是就不能工作了？

- 药物有什么副作用？

- 必须一生服药吗？

- 应该怎样与患者相处？

- 是否意味着死亡？

这些都源于人们不了解病名所代表的疾病本身。

人会对自己不了解、不知道的事情感到强烈的不安和恐惧，同时不了解也会导致人们找不到应对方法，无法预测。

反之，如果人在一定程度上能够接纳自己目前的状态，就能够设想出今后所要经历的过程和应对方法，忧虑就会减少很多。

病名在精神科和心身科会有所不同

你是否也有类似的感受？被确诊为抑郁症是一件令人震惊的事情，而被确诊为自律神经失调症却不会令人如此惊讶。

实际上，精神科和心身科的病名常常会有所不同。这是为什么呢？

除了前面提到的医生和医院之间的意见不一致以外，还有两个原因：

第一，病名要避免给患者本人带来负面影响。

虽然社会对于心理疾病的理解在不断进步，但至今仍有人对此存在不少偏见和误解。有时候，根据不同的职业领域，病名还会给患者的工作带来一些限制。

为了避免患者在回归职场和社会生活后受到偏见对恢复产生影响，医生会考虑取一个容易被人们接受的病名。

第二，将病情作为病名。

在心理疾病的诊察中，医生会以问诊为基础对患者进行诊断和治疗。但是，在诊察时医生能够准确把握的只有患者当下的状态，往往不能简单地用一个病名来概括病情，因此很多时候医生会在诊断书中写下"抑郁状态"描述病情。

在长期治疗中，患者病情的实质才能逐渐浮出水面，病名随着疗程变化而发生改变的情况也并不少见。

此外，当抑郁状态被描述为一种疾病名称时，除了抑郁症以外，还可能被描述为各种疾病名称，例如重性抑郁障碍、双相障碍、躁狂抑郁症、适应障碍、发育障碍、痴呆症、精神分裂症等，这些情况基本只会改变患者治疗方案和药物，患者本身并未发生变化。

由此可见，**诊断名称并非是绝对的，患者不必因诊断名称而感到忽喜忽忧。**

不仅是诊断名称，医生的话语往往也会给患者及其家属带来很大的影响。

曾经有一位患者和他的家人，因为医生说"如果患者不改变这种性格，抑郁症一辈子也治不好"，受到了非常大的打击。

但事实上，这位患者在我们的帮助下，仅用一年时间就重返了社会。

　　正如前文所说，医生也是人，能力和专业也参差不齐。因此，必要时我们可以考虑征询其他建议。

　　总之，不要盲目相信医生的话。

4 启动"他人模式"：
一种与以往不同的程序

 失去理性的自我

即使患者接受诊断，确诊了病名，在网上查找了大量资料，普通人也难以想象抑郁症患者经历的真实情况。

因此，我们仍用原始人的比喻来解释，以便帮助患者及其身边的人更容易理解抑郁症。

前文我们提到，当人们感受到压力（不安或恐惧）时，大脑就会判定这是一个生死关头，然后启动应激程序，在这场危机过去之后，这个程序就会终止。

那么在日常生活中，我们大脑所使用的程序（应用程序）是什么样的呢？

生活在现代的我们，不用从事狩猎、采集、打水等重体力劳动也能生存，也不必为猛兽、饥荒、酷暑和严寒而感到恐惧。

　　在某种程度上可以预见在未来社会里，只要我们遵守规则生活，我们的生命几乎不会面临危险。

　　在现代社会生活，我们需要的是"理性程序"，即用逻辑思维来解决当下需要处理的问题，并根据客观事实或数据对未来进行模拟、预测。

　　通过这种理性程序，我们会在生活中衡量社会中的种种利弊，并做出决策，使事物的整体发展趋向有利的方向。

　　然而，这种理性程序也有停止的时候。当"应激程序"等其他"情感程序"开启时，就是我们人类变得感性的时候。

 抑郁状态就是同时启动多种"情感程序"

　　情感原本是为了让人做出保护生命（安全、生存、生殖）行为而存在的。

　　例如，恐惧是一种用来逃离危险的地方或事物的情感；愤怒是一种用于恐吓和回击敌人的情感；恋爱则是为了寻找配偶和繁衍后代的情感。

当我们面临生命危险的时候，用于应对危机的"情感程序"就会马上启动，让"理性程序"停止运转，转向全力求生的模式。

请读者再次回想刚才的原始人案例，他为了寻找食物而被猛兽袭击，现在正是他遇到猛兽的时刻。

首先，原始人开启了**"应激程序"**，做好了"逃跑或战斗"的准备。接着，他开始假设将会发生的战斗，并开启了**"愤怒程序"**。

原始人握紧双拳、满脸通红、龇牙咧嘴，发出威吓的声音。他心想："我很强大！我一定会赢！"与此同时，一个强烈的念头占据了他的大脑："如果同伴遭到袭击，我要为他报仇。"

另一方面，原始人也有可能会逃跑，因为他也会启动**"恐惧程序"**：

在某个瞬间，这只猛兽看上去比实际庞大得多，可怕得多，让人感到无力对抗。原始人变得对物体的声音和气息非常敏感，在逃跑的过程中，他的脑海里总是浮现出猛兽从身后追上来的样子。这种恐惧心理可以让他在精疲力竭的情况下也能成功逃跑。

虽然原始人受了伤，但也能幸免于难，此时他会启动**"不安程序"**。

他的警惕性越来越高，琢磨这只猛兽会不会循着血腥味找到自己，并做好被突然袭击的准备，不断模拟如何逃跑和自保。

而且，猛兽在夜间的活动会变得活跃，此时睡觉是非常危险的，所以原始人会陷入无法入睡的状态。

即使那些没有目击猛兽的同伴邀请他去讨伐猛兽，已经启动了**"无力感程序"**的原始人也不会答应。

因为只有远离危险才是最安全的。此时他会觉得"自己什么都做不了""自己帮不上忙"。

而一想到失去的同伴和自己的伤势，他就开始深深地自责，不断地反省"自己是否应该做更多的事情""这难道不是自己的原因吗""怎样才能避免这样的情况发生"。这被称为**"自责程序"**。

当猛兽的危机解除时，原始人就会启动**"悲伤程序"**以保证自己能够安全疗伤，直到伤势痊愈，恢复体力。

处在"悲伤程序"时，食欲、性欲、欲望和兴趣都会消失，即使是轻微的活动也会使他产生强烈的疲劳感。这一阶段的生存方法是不外出，一直把自己关在安全的洞穴里，但是这样无法获取食物，原始人必须要依靠自己的同伴才能活下去。没有语言的原始人会通过哭泣、叹息等方式向他周围的同伴发出求救信号。

情感程序所产生的能量消耗，会让人越来越疲惫。原始人的伤势比想象的还要严重，很难治愈。尽管得到了同伴们的帮助，原始人却开始感到自己活着毫无意义，这就是**"绝望和自弃程序"**。他会对自己还活着感到抱歉，觉得把食物给孩子们吃要比自己吃更有意义。

此时，若有猛兽来袭击……原始人会不惜牺牲自己的生命来拯救家人和同伴。

危机时启动的情感程序

应激程序	在能量生产受到抑制的情况下，会消耗大量的能量，让自己进入一种拼命求生的状态。
愤怒程序	"我很强大！"等类似的念头会占据大脑，身体也会注入力量。
恐惧程序	一点小事都会感到束手无策，变得对事物的声音和气息都非常敏感。
不安程序	不安的心情接二连三地涌上心头，不断模拟如何逃跑和自保。
无力感程序	觉得自己一无是处或者对他人没有价值，以远离危险。
自责程序	对于发生的事情感到自责，不断地进行深刻的反省。
悲伤程序	食欲、性欲、欲望和兴趣都会消失，即使是轻微的活动也会使人产生强烈的疲劳感。
绝望与自弃程序	为自己还活着感到抱歉，认为活着也无法改变现状。

面对巨大的危机，这些情绪同时作用的结果，就是"抑郁状态"。

即使是没有遭遇过这样巨大危机的原始人，身体在因饥饿而变得虚弱、遭受重伤、失去同伴、疲劳困顿无法动弹的时候，同样会同时开启多种情感程序，这么做是为了保护虚弱状态下的自己。

现代人也会在不知不觉中启动这样的程序模式：疲劳困顿→同时开启多种情感程序→陷入抑郁状态。

 抑郁症状 5+5

当多种情感程序同时开启（抑郁状态），各种不同的情绪相互作用结合在一起时，就会给身心带来许多变化。

我们将下面 5 个身体上的变化和 5 个心理上的变化称为"抑郁症状 5+5"。

○ **身体发生的 5 个变化**

1. 失眠（年轻人会有睡眠过度的情况）

无法入睡、半夜醒来好几次、早上醒得早、做噩梦、酒量增加、白天极度犯困等。

2. 食欲不振（年轻人会有暴饮暴食的情况）

没有食欲、吃什么都感觉不好吃、变瘦、过食发胖等。

3. 疲劳感（负担感）

身体沉重、浑身无力、疲劳感挥之不去、做什么都觉得累、忍耐力变差、房间零乱、提不起干劲、觉得洗衣服或整理仪容很麻烦等。

4. 停止思考

无法工作或学习、大脑放空、思维无法集中、决策困难、头脑像蒙上了一层迷雾、失误增多、频繁丢东西等。

5. 身体不适

身体出现各种症状，例如肩酸、头痛、牙痛、腰痛、腹痛、腹泻、便秘、头晕、过敏等。

○ 心理发生的 5 个变化

1. 无力感（丧失自信）

无法完成平时能做的事情、无法控制自己、感觉自己崩溃了、无人理解、无人帮助、无法停止哭泣、叹气、抱怨、空虚、（感觉）没有钱等。

2.自责感（负罪感）

总给周围人添麻烦、全部都是自己的错、过度自责、感觉自己是累赘、过度道歉等。

3.社交恐惧和易怒

惧怕别人的目光、回避他人、弃置不顾、交流减少、在意流言蜚语、闲话增多、易怒、烦躁等。

抑郁症状 5+5

身体发生的 5 个变化

失眠
失眠的痛苦持续 2 周以上

食欲不振
感觉什么都不好吃，体重发生变化

疲劳感（负担感）
即使休息也无法消除疲劳

停止思考
无法工作，成绩下降

身体不适
出现肩酸、头痛、腹痛等症状

心理发生的 5 个变化

无力感（丧失自信）
什么都做不好，倒霉不断，缺乏自信

自责感（负罪感）
自己是个麻烦，感到抱歉，离婚、辞职

社交恐惧和易怒
避开与人接触，易怒（尤其是对亲人）

不安、焦虑、后悔
无法休息，只会产生消极念头

产生轻生的想法
想消失，没有容身之处

4.不安、焦虑、后悔

对未来感到过于不安、总是做出消极的预测、在意琐碎的事情、焦躁不安、不能保持静止不动、坐立不安、无法静下来休息、不停地后悔、笑容消失等。

5.产生轻生的想法

感觉没有容身之处、不知道活着的意义、想消失、想死、想放弃一切、闹失踪、自杀未遂、做危险行为、不再照顾自己（不接受治疗）等。

 ## "症状"的含义

下面我们来解释一下什么是症状。

人在患上流感后，会出现发烧、咳嗽、关节疼痛等，这就是症状。许多人在患上流感后都会出现相同的症状，与这个人本身的体力或体质无关。疾病痊愈后人们的症状就会消失，恢复到原来的模样。

那么，什么是精神疾病的症状呢？

精神疾病的症状是指，**一个人的感受方式、思维方式、看待事物的方式、接受事物的方式发生了变化。**

我们在"抑郁症状 5 + 5"中提到过，抑郁症不仅会出现身体症状，还伴随着精神症状，因此被定位为是一种精神疾病。

如果只是身体症状还好理解，但精神症状很容易被误认为是患者的想法或者性格方面的问题，因此最后给出的建议往往是否定精神症状。

例如，对于那些因为抑郁症状而感觉不到自信的人，有人会说："你要更加自信一些。"

这就好比你告诉一个流感发烧的人："发烧会让你很不舒服，你得退烧。"

这句话说得很对。但如果患者做不到，那么留给他们的就只有被责骂和不被理解的痛苦。

我们必须牢记，"想死"也是一种抑郁症状。

对那些因抑郁症想死的人来说："你为什么想死？你要更加珍惜自己的生命。"这就像是一个人因流感而咳嗽，你对他说："你为什么咳嗽？这会传染给别人，还会加重症状，你快别咳嗽了。"

患者自己也知道咳嗽的时候嗓子疼，也想要停下来，可是他做不到。

如果周围的人仅仅是觉得"我想帮助你"就提出一些强势的建议，那就只会给当事人带来痛苦。

 他人模式

"抑郁症状 5+5"是一种为了使当事人在封闭的环境下能够安全地自我疗伤而产生的改变，但是当症状恶化时，**患者会看上去和之前判若两人。我们称这种状态为"他人模式"。**请读者们回想一下前文提到的销售员 A 所说的话。

如下所示，如果眼前这个人的态度、表情和之前比就像变了一个人，那就说明这个人很有可能因为抑郁症状而进入了"他人模式"。

- 曾经干劲十足、活泼好动的人变得闭门不出。
- 开朗的人变得沉默寡言，不再露出笑容。
- 原本工作能力强的人说自己没有自信，想推掉新工作。
- 没有犯过错的人变得反复犯错，不断道歉。

- 原本擅长社交和制造气氛的人变得回避他人。
- 原本温和宽厚的人变得莫名烦躁，突然大声说话。
- 乐天派的人变得经常把不安挂在嘴边。
- 原本健康的人看上去很疲惫，脸色变差或者体重减轻。
- 原本乐观开朗的人变得发愣、发呆、不遵守承诺。

这些变化大多都是因为疲劳困顿诱发了抑郁症状导致的，只要疲劳恢复，抑郁症状就会逐渐消退，人就会回到原来的状态。

如果这个人一反常态，让你感到违和，那么他（她）很可能是启动了「他人模式」

5

抑郁状态的五个阶段：身体不适开始期、他人模式开始期、低谷期、恢复期、康复期

 身体不适开始期

抑郁状态的发展和恢复大致分为五个阶段。

所谓身体不适开始期，如字面意思，是指由于疲劳的累积，身体状况开始发生变化的时期。

首先，从人身体上最为脆弱的部分开始出现变化，出现各种不适症状，比如肩酸、腰痛和头痛加重，喉咙不好的人会出现咽喉肿痛，特应性皮炎（atopic dermatitis）加重等。

此外，很多人会感觉到睡眠障碍，例如入睡困难、睡眠变浅、早上醒得早然后睡不着，等等。

还有很多人会觉得胃不舒服，或者没有食欲。即使勉强自己吃下去，也不会觉得好吃。这样一来，体重自然就

会不断减轻。

　　不过，也有许多年轻人为了排遣隐约的痛苦而选择过度食用甜食，这类人的体重将会增加。

　　缺乏睡眠和营养，大脑就会逐渐停止转动。有时看报纸明明眼睛追着文字看，意思却无法进入大脑；有时明明在工作，回过神来却发现自己正在发呆，回复邮件也会延迟。很多人会用"大脑像是蒙了一层雾"来形容这种状态。

疲劳挥之不去，身体变得沉重无力，各项活动都变得困难。一想到"必须做什么"就会感到麻烦。

然而，这个时期人们往往还没有出现紧迫的精神症状。

面对各种各样的身体问题，人们都做了一些自行处理，但效果并不如意。这个时期的人们只要想努力还能够做到，所以他们很容易在职场或学校里勉强装作很有精神的样子，像往常一样做事。

 他人模式开始期

如果在身体不适开始期没有消除疲劳，人们就会进入他人模式开始期。

身体不适持续恶化。长期失眠，头脑就会变得不灵活，工作和学习无法顺利进行，错误和健忘也会增加。于是患者会用强烈的罪恶感来责罚自己——"为什么我这么差劲""对不起，又给大家添麻烦了"，或者因为曾经能够轻松做到的事情现在做不到了，而逐渐丧失自信。

　　随后便开始在意周围人的眼光："我一直给周围的人添麻烦，我真没什么用，周围的人会怎么看待我呢？"远处的两个同事只是稍微看了自己一眼，就会觉得："唉，他们一定在说我的坏话吧。"

　　担心自己会受到训斥和责备，从而逐渐逃避与他人接触，同时会感到莫名的烦躁，莫名其妙地流泪。

　　患者的表情也会变得贫乏，疲劳感和负担感会让他们不敢洗澡、不能洗衣服或打扫卫生。

自己越来越无法控制自己，有"自己是不是变得不正常了""是不是坏掉了"的感受就是在这个时期，有时还会出现"想死"的心情。

即使变成这样，也还能暂时努把力，因此人们会拼命地说服自己："没什么大不了，只是心理作用，只要忍耐一下就能克服。"

面对精神上的痛苦，人们欺骗自我，对周围隐瞒，所以周围的人也很难察觉。这就叫作"表面伪装"。一个人越是伪装外表，在独自一人的时候，疲劳感越是会突然袭来，使身体状况恶化——这就是他人模式开始期的特征。

 低谷期

低谷期是指精疲力竭、能量消耗殆尽的状态。

患者的身体状况进一步恶化，生活这件事变得痛苦不堪，"想死"的心情也逐渐变得强烈，已经丧失了起身和活动身体的力气。

在这个时期，患者难以维持社会生活，只有闭门不出、去医院接受治疗或居家疗养。

恢复期

在恢复期，患者通过治疗、休养和环境调整开始逐渐恢复。

各种功能都在不同程度上逐渐恢复。身体恢复是容易被感知的，因此这一时期会比低谷期的感觉要好。

 康复期

度过恢复期之后，就是以重返社会为目标开始行动的时期。虽然患者的身体正在逐渐恢复，但由于无法感受到像恢复期一样显著改善的效果，他们焦虑和不安的心情也会不断增强。

在这个时期，很多复职或复学的人容易勉强自己，比如"必须尽快恢复到原来的状态""给别人添了麻烦，必须做点什么来挽回"，然后常常被沮丧的潮水吞没。

能量会在波浪的循环中逐渐恢复。当患者状态好的时候（波浪上扬），给周围人的印象就更深刻，因此大家认为他们看起来恢复得相当好。

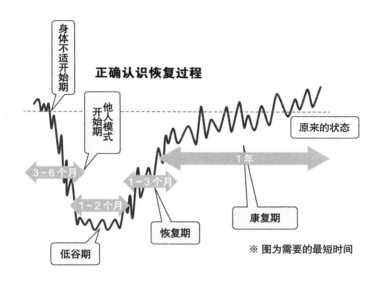

相反，当患者本人意识到状态不好的时候（波浪下降）就会积攒焦虑情绪："我是不是一辈子都治不好了？""病情恶化了是否又要停止工作？"

康复期会持续几个月到几年。无论是对患者本人还是身边的人来说，这都是一场与焦虑和不安做斗争的持久战，但只要我们控制疲劳，就能够逐渐走向恢复。

在康复期间，身体状态会描绘出大大小小的波浪，在起伏不定的状态中慢慢恢复，既有显著变好的时期，偶尔也会有巨大的低潮袭来。

在该时期，患者身边的人开始对患者感到放心，因此一定要注意患者可能增加的自杀风险。

让我们一起想象恢复过程，停止焦虑吧！

专栏：

月经、流感与抑郁的关系

月经周期与抑郁的波浪

女性有着"月经（生理期）"这一身体规律。

在月经前或月经期间，女性的激素平衡发生变化，引发下腹部或乳房胀痛、头痛、倦怠、食欲不振或暴食、强烈的睡意或浮肿等身体不适的症状，有时也会出现烦躁、愤怒、抑郁、不安、紧张、情绪不稳定等精神状态不佳的症状。

这些症状的个体差异很大，有的人需要接受治疗，有的人几乎没有症状，因此女性之间会对对方产生一些"太懒惰了""太夸张了"等否定的想法，难以做到相互理解。

未曾经历过月经的男性更是如此。男性很容易根据眼前人以外的信息来判断，例如"疼痛是正常的""大家都在忍受疼痛""我的母亲即使是这样，也还是做了家务、带了孩子"，但生理症状的痛苦和抑郁症状一样，都是看不见的。

如果月经周期与抑郁波浪重叠会怎样呢？光是抑郁就是常人两倍、三倍的痛苦，在这种情况下和月经的疼痛重叠，痛苦就会成倍增加，从而形成一股抑郁的巨浪。

为了降低每个月遭受抑郁巨浪的概率，最重要的是缓解痛经带来的疼痛，我们推荐患者增加一些关于痛经的医疗措施（治疗）。

身体不适都是抑郁症造成的吗？

有一次，一位曾经的咨询者联系我，说最近抑郁很严重。于是我急忙赶去给她做了心理咨询。"明明抑郁在某种程度上已经好很多了，怎么会突然发生这种事呢？"我一面这样思索，一面倾听着她的诉说。的确，她的不安、烦躁、绝望等抑郁症状确实比平时更严重了。

我问："从什么时候开始的？"

她回答："一周前突然变成了这样。"

我试着问道："该不会是月经期吧？"

她十分惊讶地问道："啊，就是因为月经期吗？"结果，在我详细询问了她的身体变化后，她本人也意识到是月经造成了自己身体上的不适，这才放下心来。

患上抑郁症后，每天都被各种各样的不适所折磨，人们很容易将心理上的痛苦简单地认为是"抑郁的恶化"。

同样的判断错误也会发生在流感和新冠等疾病上。

头痛、喉咙痛、肌肉疼痛，只比平时稍微强烈一些，即便只是发烧也会认为"哦，现在的抑郁状态比平时加重了"，然后就打算钻进被窝里应付过去。

"等一下，这难道不是流行性感冒吗？"听我这么一问，很多人才去就诊，然后苦笑着说："果然是流感。"

如果只是轻微的感冒，也许光靠睡觉就能痊愈，但我们不能排除病情加重的可能性，不要一刀切地认为都是抑郁造成的，要考虑患其他疾病的可能性，及时测量体温，并尽早就医。

第 **2** 章

· · · · · · · · · · · ·

理解抑郁症患者的感受方式和
思维方式

1 大脑 24 小时飞速运转

 陷入抑郁状态后思考和情感都难以止歇

人在因为某种原因而陷入困境或是无法摆脱负面思维时，就会选择暂时停止思考。

我想很多人都有过这样的经历：通过某种方式转换一下心情，好好睡上一觉，或是向朋友倾诉后，就想出了新点子或是解决办法。

于是当你看到家人因过度思考而痛苦时，就很想给出这样的建议："如果这么难受的话，别去想不就好了。"

事实上，**人一旦患上抑郁症，就无法控制大脑停止思考。**

我们在第 1 章中提到，人在患上抑郁症后，多种情感程序会同时启动，而情感是为了促使我们采取某种行动

（例如恐惧让人逃避，愤怒使人反击和威吓）而存在。这些情感让我们预知即将到来的危机，竭尽全力找到解决问题的对策。因此，在抑郁状态下，即使你努力不去思考，感受到了一瞬间的放松，但是你的大脑过不了多久就会继续恢复运转。

在原始人时代，只有脱离了猛兽的威胁，度过了生死危机，大脑判断当下安全了的时候，全方位启动的情感程序才会停止。

然而，现代的危机是由疲劳产生的。大脑要判断人体已经从疲劳中恢复，进入"安全"状态，需要很长一段时间。在这期间，情感程序会持续工作，也就意味着人会不停地思考。

不断涌现的不安

在情感程序里，有一个"不安程序"，它有一种特殊功能，专门让人们思考如何在危险中保护自己。即便是面对日常生活中的琐碎小事，也会在我们脑海中进行以下模拟：

○ 事件一：朋友没有回复微信消息

→ 我是不是被讨厌了

→ 之前那件事情，我不应该这么做的

→ 其他的朋友一定都知道了

→ 我是不是被孤立了

→ 我必须赶紧去道歉

→ 再发微信的话，对方也可能不会看

→ 现在发微信可能会打扰人家

→ ……（一直持续）

○ 事件二：收到了虚假申请（诈骗）邮件

→ 我的邮箱不会泄露了吧

→ 我的邮箱不会被其他心怀叵测的人知道了吧

→ 也有可能是电脑中病毒了

→ 一定给邮箱列表里的人添了麻烦

→ 要是被投诉了怎么办

→ 我可能会被公司开除吧

→ ……（一直持续）

你可能会觉得"有必要考虑那么多吗",但这就是"不安程序"——原始人担心生命有危险的一种感受,作用在日常生活中发生的事情上。

既然是生死攸关的事情,直到大脑感觉到危险离去时,这种模拟才会中断或停止。

案例:广告公司企划专员 B(30 多岁,男性)

B 很苦恼,他已经有几个月没能好好地睡觉了。

今天,他终于提交了那份让他放心不下的企划书。可当他晚上钻进被窝准备睡觉时,又无法控制地在脑海中检查着已经提交的企划书,开始为明天的日程发愁,然后从被窝里爬出来翻看记事本。

这段时间里,他的脑海里不断涌现出一件又一件十分具体的、让他焦虑和担忧的事情:"如果领导问 XX,我就说 YY""不行,是不是回答 ZZ 比较好?""但如果这么说的话,AA 就变成 BB 了……"等回过神来,距离该起床的时间只剩两三个小时了。

这下 B 就更着急了,他必须要睡一会儿,但他又担心自己睡着了醒不过来，又陷入了因为担心自己的睡眠而失眠的状态。

这样的状态已经持续了一个多星期，最后 B 连进食都十分困难了。他的家人非常担心，建议他到医院就诊。最后 B 被确诊为抑郁症，不得不停职休养。

正如前文案例中所述，"不安程序"会一直全速运行以预防危险的发生。尤其是到了晚上，原始人很有可能会受到猛兽或外敌袭击，所以他们会加强戒备，在保持清醒状态下对周围的一切带着忧患意识。

换句话说，他们并非无法入睡，而是大脑开启了一个"不能入睡的开关"。

由这种不安引起的"被动思考"也是抑郁症的一种症状。那么，人们是经历了怎样的过程，才从可以用主观意志停止思考的状态，变成无法停止思考的状态呢？

下面，为大家介绍一个概念——"与抑郁症状发展有关的三大疲劳阶段"。

2 陷入抑郁状态的人，在任何场景下都会处于"三倍模式"

 疲劳积累的三个阶段（三倍模式）

第1章谈到了现代人患抑郁症的根源是过度疲劳（精疲力竭）。我们将疲劳大致分成了三个阶段（三倍模式），你可以理解为，随着疲劳加剧，抑郁程度也会随之不断加重。

当一个人分别处于精神饱满和疲惫无力、精疲力竭三种状态时，不仅身心会发生变化，就连身体对外界的感知方式和对事物的看法也会发生改变。

随着疲劳不断积累，抑郁的症状就会出现。

这种变化通常是缓慢的、连续的，但是为了让咨询者及其身边的人更容易理解，我们有意地将它分为三个阶段进行介绍。

第一阶段为"一级疲劳（一倍模式）"，第二阶段为
"二级疲劳（双倍模式）"，第三阶段为"三级疲劳（三倍
模式）"，其中三级疲劳就是第35页介绍的"他人模式"。

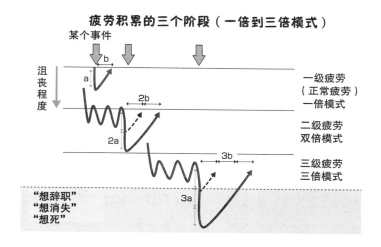

疲劳积累的三个阶段（一倍到三倍模式）

○ 一级疲劳（一倍模式）

简单来说，一级疲劳就是指人们正常的健康生活的
状态。经历了一天辛苦的工作和学习后，只要好好睡上一
觉，第二天早上就又能精神抖擞地去公司和学校。

在这种状态下，哪怕是熬过了非常艰难的一周，只要周末好好休息，身心的疲劳就能够恢复，周一也可以满血出勤（上学）。

○ 二级疲劳（双倍模式）

在这个阶段，你会从"感觉有点累了"到"真是累坏了"。仅靠周末休息很难从疲劳中恢复过来，只有在黄金周或者春节这种长假中休息一周以上，才能从疲劳中稍微恢复，但疲劳很快就会再次积累。这是一种疲劳长期积累的状态。

若将一级疲劳状态下的疲劳感设定为 a，恢复所需的时间设定为 b，那么进入二级疲劳后，面对同样的事情会感到双倍的疲劳（2a），同时也需要双倍的时间（2b）才能恢复。

在二级疲劳阶段会出现一些身体症状，例如明明很疲惫却难以入睡，或是睡眠很浅、无法进入深度睡眠，以及食欲不振、身体不适，等等。

此外，人的精神状态也会发生变化，比如缺乏自信，总是感觉自己不够努力，在意周围的看法，等等。

○ 三级疲劳（三倍模式）

在这一阶段，人们最终陷入了过度疲劳（精疲力竭）的状态，如果没有漫长的时间来休养身心，就很难从疲劳中恢复。

面对同样的事情，人们会感觉到三倍的疲劳（3a），并且需要花三倍的时间（3b）才能恢复。在第三阶段的疲劳状态下，身体和精神的各种症状逐渐恶化，焦虑变得更加强烈，人们甚至会产生这样的念头："想要结束这一切""没有我会更好"。

一倍模式中工作 8 小时产生的疲劳感，在双倍模式下会让人感受到工作 16 小时的疲劳感，到了三倍模式则会像连续工作 24 小时一样让人筋疲力尽。仅仅只是上下班，或是只是想到自己必须要去公司这件事情，就会令人累得喘不过气来。

脆弱程度也会变为三倍模式

除了对疲劳的感知程度外，人的脆弱程度也分为一倍到三倍模式。

举例来说，早上上班的时候，你对邻座的同事说"早上好"，但那时同事已经开始工作，看上去十分繁忙，没有回应你的问候。

处于一倍模式的你可能会想"他（她）看上去真忙，可能是太专注于工作了，没有听见吧"，又或许你完全不会放在心上。

而当你处于双倍模式时，你会有一种被忽视和受到伤害的感觉。

如果在三倍模式下，你不仅会感受到自己被无视了，还会觉得"我被大家讨厌了""大家肯定都希望我辞职吧"。

在心理咨询中，当你询问一位三倍模式下的人："如果远处有两个同事在讲话时向你瞟一眼，你是否会认为他们在说你的坏话？"几乎所有人都会回答："是的，我经常这样认为。"

　　人在三级疲劳（三倍模式）状态下，不仅会感受到三倍的疲劳，还会出现三倍的脆弱，绷紧三倍的神经，进行三倍的思考。

人总是处在从一倍模式到三倍模式的变化中

　　在第 1 章中，我们将抑郁症的症状分成五个阶段：身体不适开始期、他人模式开始期、低谷期、恢复期和康复期。

　　从身体不适开始期到低谷期，就是从一倍模式到三倍模式的过程；从恢复期到康复期，对应从三倍模式恢复到一倍模式的过程。

　　此外，抑郁症症状的波动很大，因此无论处于五个阶段中的哪一个阶段，短期（短时间）内的状态都会发生巨大的变化，今天是三倍模式，明天可能就变成了一倍模式。

　　所以，希望读者们要有意识地关注患者的状态，不仅要知道症状的宏观进程，还要明白他们处于一倍模式到三倍模式中的哪种状态。即使步入了康复期，如果某天又处于三倍模式的话，就要暂停康复训练，休养身心。

3 即便是六成的工作量也会超过极限

 明明已经减少了工作量，为什么还是做不完？

抑郁症是指一种身心能量不足和过度疲劳的状态。

你可以想象一下，在第一阶段的时候，你的能量接近100%，到第二阶段，你的能量下降到30%，而在第三阶段，你的能量仅剩20%。

一个能量接近满格的人，在完成60%左右的工作量后，能量还有40%，所以可以轻轻松松地完成。

然而，如果这个人的能量只有30%，还要像平时一样地完成60%左右的工作，那会是什么样子？

对于这个人来说，该工作量比现在自己的能量多了一倍以上，这意味着要花费两倍的精力和时间才能够完成。

这样的状态若是持续下去，会变成一种巨大的压力。

如果这个人只剩下 20% 的能量，正常状态下 60% 左右的工作，就会变成三倍的负担。换言之，就是三人份的工作量。

抑郁症患者的工作量，并不是以其健康状态下的能力或是周围的人为标准的，而是要根据他现在所处的阶段（模式）来调整，这并非易事。

看上去很健康，工作也能完成，这也有可能是抑郁症吗？

有些人明明工作做得不错，平时看上去也开朗阳光，但突然就被确诊为抑郁症，申请了停职休养。你的身边是否也有这种人？

我们认为，抑郁状态主要有以下三大特征。

- 能量不足
- 能量不足且有波浪起伏
- 能量不足导致的情感、思维和身体状态的变化

即使在一级疲劳（健康）的状态下，人们的身体状态和情感也会发生变化，总会有几天觉得自己哪里不舒服，或是提不起兴致。

我们将这种变化称为"波浪"。当达到二级疲劳时，这种波浪起伏会变得更加剧烈。

在二级疲劳状态下，由于睡眠不足和营养摄取不足，

容易导致注意力不集中，犯一些小错误。

你会对自己感到生气，对身边的人感到歉意，同时也会缺乏自信，怀疑自己的能力。

这就是抑郁症状的早期"萌芽"。

不过，由于能量还未彻底枯竭，你会强迫自己振作起来，对自己说，"其他人都在努力""我也还能再努一把力""必须打起精神来"。你会竭尽全力地表现出和一级疲劳时同样的状态如此也能取得一定的成果。

但是，实际上你正处于双倍模式。当你努力时，你会感觉到双倍的疲劳，并会消耗双倍的能量。

你的波浪起伏会变得很大。比如一回到家就会感到疲劳袭来，倒在沙发上半天爬不起来，甚至连洗澡都懒得洗就直接上床睡觉，连吃饭都嫌麻烦，靠喝酒和小菜来打发。

我们将这种苦苦硬撑的状态称为"表面伪装"。

波浪起伏越大，消耗就越剧烈，这种情况下人很容易耗尽能量，陷入三级疲劳。

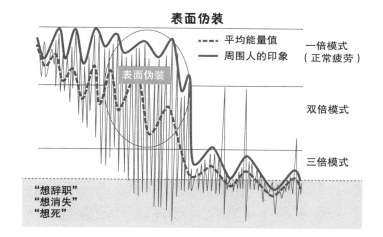

达到三级疲劳的时候，人就再也没有精力做任何事情
了，所以会突然停止工作。

这也是一些人会突然"宕机"的原因。

4 当抑郁的波浪与命运的起伏重合时，患者对死亡的渴望会更加强烈

 令人痛苦的抑郁波浪

正如我们之前提到的，**抑郁存在能量的波浪。**

这种波浪可能会是"早晨不舒服，傍晚就好了"（一日波浪），也可能会是"昨天状态很好，今天感觉不舒服"（每日波浪）。

这种波浪时好时坏，难以预料，患者本人也无法控制。因此当状态变差时，本人和身边的人都会担心病情是否会恶化、会不会又回到以前（糟糕）的状态，以及是否很长一段时间都无法恢复。

另外，**周围的人会更容易察觉波浪的上扬部分（健康的部分），**然后告诉患者"状态不错"或是"好一些了"，而患者更容易感受到的则是波浪的下降部分（低落的部

分)，会因为这种落差而痛苦不堪。

这种现象在康复期尤为显著。

假如抑郁的波浪遇上了命运的起伏

每个人的人生都会经历各种各样的事情。

既有升职、结婚、生子、买房这样的好事，也有生病、事故、职场骚扰、离婚、裁员等不那么美好的事情。我们将重要事件发生的时间点称为"命运的起伏点"。

当抑郁的波澜遇上了命运的起起落落，就会化作惊涛骇浪。

不仅如此，一旦抑郁加重，进入了第二、第三阶段，巨浪也会翻倍地袭来。

想象一下，如果你在开车上班的途中，突然和前车发生了追尾事故。

虽然万幸只是一次轻微的碰撞，但你一定会因此而受到很大的冲击，心想"糟了"。在这种状态下，你会一边向前车的司机致歉，一边打电话报警。

在警察来之前，你会产生一种罪恶感，甚至是无力感，心想："事情怎么成了这个样子！"

你还要给公司打个电话，告诉他们自己会迟到，但是如果在电话里解释的时候，又被领导骂了一顿，心中的自责感和无力感就变得更强烈了。

等你办好了警察这边的手续，接下来就得去找保险公司办理相关手续，并处理双方的修车问题了。

汽车维修期间，你只好换一种陌生的交通方式。这会导致通勤时间可能会变长、换乘不便等情况；还有可能因此而受到家人的指责。

和抑郁不相容的事情

·工作变动、出差、旅行
·轮班
·消耗体力的活动
·被跟踪、霸凌、家庭暴力
·吵架、生气、不安、令人过度开心的事情
·帮助他人
·与人见面
——接待客人、处理投诉、营业、公共演讲

·职责增加
·新的工作
·有时间限制的工作
·吃不上饭
·轻度犯罪即将暴露
·失去信赖的人或宠物
·天气变化、台风季节、夏日酷暑
·休假、过年、盂兰盆节、圣诞节
·丢失物品

如果我们仔细地分析就会发现，一件事情会消耗大量的能量。在第一阶段，你只会觉得很麻烦、很累，到了第二、第三阶段，你的疲劳程度就会增加一倍、增加两倍。

尤其是在这个案例中，如果这件事情刺激到了患者的精神状态，引发了无助、自责、不安和社交恐惧等情绪，抑郁的症状就会全面恶化。

我们将这种容易使抑郁患者状况变得更糟的事情称为"和抑郁不相容的事情"。

在命运的起伏中，令人感到喜悦的事物也会消耗能量。

举个例子，你可以想象一下买房的场景。

这是一生中为数不多的一次大采购，你可能会花上几个月甚至更久，经常要去参观住宅博览会和看商品房。

此外，计算家庭收入及养孩子的支出，估算能够买一套多大的房子，你大概还会模拟贷款。

好不容易买好了房子，本来以为能松一口气，没想到麻烦的事情还在后头。

为了搬家，你必须一边生活、工作，一边收拾物品、安排子女转学，办理户籍、水电、煤气等各种手续。

在搬家后也需要办理同样的手续。如果不尽快收拾好东西，生活也无法有条不紊地开展。新房整理好后，还需要一段时间来熟悉新的环境。就拿购物来说，如果去了不熟悉的超市，就必须要四处寻找想买的商品。也不知道哪家医院的口碑好，和左邻右舍搞好关系也是要消耗精力的。

周围的人会说"买房了，真厉害！""真羡慕"，但你因为耗费了这么多的时间和能量，只会感到筋疲力尽。

在抑郁波浪处于三倍模式时遇到这样的命运起伏，抑郁的痛苦和命运起伏的劳苦都会被放大数倍，消极情绪（症状）也会变得更强烈，比如"这么累还不如消失好了""真想死"。

结婚、升职这些看起来很好的事情，其实也可能与抑郁症不相容

5 "我不行""我没用""我在依赖别人"——这种无力感会使你丧失自信

 抑郁患者的四大病源

第一章介绍了"抑郁症状5+5",其中最令人痛苦的有四种：**自责感（负罪感），无力感（丧失自信），不安感、焦虑、后悔，疲劳感（负担感）**。我们称之为"（抑郁患者的）四大病源"。

这四大病源也是容易加重抑郁的因素。

疲劳是现代人患抑郁症的首要原因，但并不是跑马拉松的人就会抑郁。**当疲劳累积的时候，又因别的事情感到自责、无力和不安，就很容易陷入抑郁状态。**

长时间的疫情，使人的消耗不断增加。人们容易感受到更多的情绪，担心感染新冠、对应对新冠缺乏信心、为自己可能会传染他人而感到自责。在这种状态下，许多人都出现了一些抑郁征兆。

一旦陷入抑郁状态，四大病源就会变成一种严重的臆想。即便患者向周围人倾诉，人们也很难理解这种痛苦（产生共鸣）。

如何治愈四大病源，是抑郁康复的关键。这里我们将详细介绍应对无力感（丧失自信）的方法。

 第一种无力感

"无力感（丧失自信）"可以分成三种。

第一种无力感是"做不到"。比如"不会弹钢琴""不会游泳""不会做算数"。人在面对自己做不到的事情时，就会产生无力感（丧失自信）。

通常情况下，这种无力感可以通过其他擅长的事情来填补，比如"不会弹钢琴，但唱歌很好听""不会游泳，但球打得很好""不会做算数，但写得一手好字"。

然而在抑郁状态下，人的身体状况会因为疲劳而变差，大脑也会变得迟钝，一直以来擅长的事情也会变得很难完成。如此一来，局部的无力感就很容易演变为一种全面的无力感，让人感觉自己什么也做不到，无论做什么事情都会失败。

 第二种无力感

第二种无力感是感觉自己坏掉了（很脆弱）。

这是因为我们对自己的身心都缺乏自信，曾经信仰的世界已经崩塌，因看不到未来而感到无力。

比如足球运动员因伤不能踢球、钢琴家的手指受伤后无法弹琴，他们会因此觉得自己是一个废人了，活不下去了。

同理，一个人因抑郁状态而无法控制自己的情感和身体状况，也会有一种"自己坏掉了"的感觉，总觉得与周围人相比，只有自己如此弱小（落后于人），即使没有经历巨大的挫折，也会演变成一种对自己整个人的无力感。

 第三种无力感

第三种无力感是"没有人来保护我"。

我们人类没有可以当作武器的尖牙利爪，皮肤上也没有覆盖毛皮或鳞片来保护我们的身体。

如此弱小的人类，之所以能够从原始时代存活至今，就是因为人类和同伴一起凝聚智慧和劳力，发挥出了群体的力量。在原始时代，一旦人脱离族群，就意味着死亡（无法生存）。

在现代，脱离群体未必会立即导致"死亡"。但是，当一个人陷入抑郁状态后，理性程序就会停止运转，所有的情感程序都会被同时激活，让其觉得没有伙伴、不被理解、没有安全感，进而产生轻生念头。

无力感带来的变化

在抑郁状态下，人们会无法胜任一些曾经能够胜任的事情（第一种无力感），例如家务和简单的工作。不仅如此，人们还会无法控制自己的情感和身体，逐渐失去信心，怀疑自己是否已经坏掉了、担心病情是否会越来越糟糕（第二种无力感）。

人们也会感觉"周围的人会觉得自己非常依赖他

人""会被人指责不够努力"（自责和负担），内心不安并无法入睡，从而把自己逼得更紧。

　　进而就会产生"没人理解我""没有人会需要这样的自己""我会被抛弃""我无处可归"……这些想法，最终会化为一种彻底的无力感（第三种无力感），即索性一了百了。

 成为他们的支持者，有助于缓解无力感

　　通常情况下，患上抑郁症的人会产生以上三种无力感，失去信心。

当患者失去信心时，周围的人就会希望通过让他做些什么来恢复自信，并增强第一种自信。

患者本人当然也期望可以通过这种方式找回信心，但即便成功了，很多患者也会认为这是巧合。还有些患者因为努力而太过劳累，导致病情恶化。

想要帮助陷入抑郁状态的人，首要就是提高其第三种自信。一个人如果了解抑郁状态下的认知偏差，就不会批判患者的想法，而是会耐心地聆听。这样，患者就会感受到：有人理解自己，有人保护自己。然后在此基础上，要用疲劳来解释患者的情况。如果患者觉得自己"坏掉"了，那就说："不，你只是累了，只要好好休息，就能找回原来的自己。"这样能够增强其第二种自信。进一步，要正视现实性的问题，让患者一件件地完成自己能完成的任务，就能找回第一种自信。这就是恢复对因抑郁导致的自信缺失的步骤。

第 3 章

和抑郁相处，你需要知道这8件事

1 获取一幅地图，帮助你走完抑郁康复的漫漫长路

 前往未知之地的长途旅行，需要一张地图来保驾护航

抑郁的康复之路，就如同第一次攀登一座高山。

从山脚一眼望到山顶，你会想："哦，只要朝着那里爬就好了。"可一旦动身，四周都是茂密的植被，山地的天气也是变幻莫测，山里还存在许多容易走错的分岔路。让人不清楚自己到底走了多远，还有多久才能到达山顶。

就在你焦头烂额的时候，夜幕逐渐降临。你甚至不知道自己身在何处，行程难以为继。

但是，假如你手里拿着一张地图，上面标注着各种信息——比如现在的坐标、危险区域、避灾路线，以及哪里有山间小屋可以提供临时休息，等等，又会是什么样子？

　　你可以尽可能地预先避开危险，并且谨慎地穿过那些必经之路。如果知道了容易摔倒的位置以及到山上小屋的距离，就可以根据当天的身体状况来决定是否继续前行。

　　相反，如果缺少了这些信息，就可能陷入险境。

　　抑郁痊愈所需的时间，要远远超出人们的想象。

　　这个时间段是恢复健康必不可少的，同时又像初次登山一样，需要不断对抗不安和焦虑。

　　所以在这一章，我们将会告诉希望大家在支援过程中传达给患者和他们身边的人的一些事项，即在登山途中可能遇到的障碍，以及克服这些障碍的诀窍和知识（地图）。

2 **抑郁状态的痛苦潮水总在黎明时袭来**

 在抑郁状态下迎接清晨，是一种痛苦的煎熬

早晨醒来，你做的第一件事是什么？

有的人去厕所，有的人洗漱，有的人会做做拉伸或者喝一杯水，有的人则会打开窗户，晒一晒太阳。我想许多人在早晨醒来时都会神清气爽地迎接新的一天吧。

那么，抑郁状态下迎来的清晨会是怎样的呢？

在照顾家人时需要留意一点：他们在抑郁状态下的早晨是怎样痛苦的。

对处于抑郁状态的人而言，早晨其实就是前一天晚上的延续。当人陷入抑郁状态时，理性程序就会停止运转，而那些近似于原始人的感性程序会同时被激活。于是，在对于动物来说较为危险的夜晚，患者会感到不安，已经宕机的大脑也会持续进行各种各样的模拟，来使人保持清醒。

回想起今天发生的一切，患者只有后悔、反省和无穷无尽的自责；展望明天，也只能想到被领导训斥、被同事蔑视嘲笑的场景，尽管我们都明白领导和同事绝不是这种人。

好不容易有了一丝困意，可大脑因警戒而变得太过敏锐，哪怕是最轻微的声音，都会让其清醒过来，无法安然入眠。

越想着"再不早点睡，明天就更不舒服"，就越是难以入眠。等回过神来，距离闹钟响只剩大约两个小时了。这时患者又会因为害怕迟到而陷入纠结，比如，"要是我现在睡着了，早晨会不会起不来""如果迟到就又要被骂了"。

黎明时分，大脑最终因为持续不断的焦虑和思考而透支，身体也因为缺乏水分和营养而精疲力竭。疲劳就像是一块沉甸甸的铅附着于身体，使人倦怠得起不来床。肌肉因紧张而变得僵硬，胃部不但疼痛，还会感到一阵阵反胃。

　　一想到自己要以这样的状态去上班，负面的想法就会涌上心头："我什么都帮不上忙""这样的我只会给大家添麻烦""没有人理解我""肯定所有人都会觉得没有我更好"。

　　这种抑郁状态的痛苦波浪，会在黎明时分汹涌地袭来。

 清晨的巨浪

　　据日本警察局的自杀人数统计数据显示，凌晨 4 点至

6 点是自杀事件的高发时间段。

其原因如前文所述，**面对即将到来的新的一天，人们的不安和负担感不断累积，一想到今天也必须努力，这种近乎绝望的负重感就会如巨浪般袭来。**

这些情感加上前一天晚上的过量饮酒，不但会加重宿醉带来的痛苦，还会麻痹人们对死亡的畏惧，从而走向自杀。

这种在开始做某事之前的痛苦，也会出现在长假结束之际，比如国庆、春节等。

至于如何照顾饱受痛苦折磨的家人，我们将在第 4 章里进行详细的介绍。

3 改变一个习惯需要进行 400 次尝试

 理解努力的标准

在漫长的抑郁康复期间，当人们试图努力去预防病情恶化时，往往都会感到需要做出一些改变，或是想要改变。

然而，改变是需要消耗能量的，事实上人们在抑郁状态下很难做出改变。但我们又并非完全无法改变。

如果觉得"完全不可能改变"，就会丧失希望；而如果认为可以"立刻改变"，就会对现实中无能为力的自己感到失望，开始自责并感到痛苦。

到底经历多少次尝试才能看见变化呢？持有一定标准是很重要的。下面我们将介绍"40 次和 400 次"原则。

因新冠疫情而改变的习惯

生活习惯形成后，想要改变并非一件易事。不仅要有"想要改变"或者"必须改变"的强烈欲望，还要有坚持不放弃的毅力。

在新冠疫情蔓延的这几年里，人们或许已经形成了一些习惯，比如戴口罩、洗手和手部消毒。

过去，尽管人们也会佩戴口罩来预防流感和花粉症，但是这只是季节性的措施，从未有过一年四季都佩戴口罩的情况。在到访某地时进行手部消毒的做法也并不常见。

但是当病毒开始扩散，人们尚未揭开病毒的谜团的情况下，我们逐渐认识到戴口罩、洗手和手部消毒是有效的预防方法。为了防止自己、家人以及身边的人被感染，人们不得不接受了新的生活习惯——外出时戴口罩、回家后洗手、进入某地前用消毒剂消毒手部。

一开始，相信很多人都会不小心忘记洗手而被家人训斥，或是忘记戴口罩而不得不用手帕蒙住口鼻。但半年过去后，这些习惯已经深深扎根在了人们的意识之中。

部队：改变习惯的专家

随着新冠病毒的传播，人们的习惯也随之改变，正是由于人们有着"关乎性命"这一强烈的动机，这些习惯才能如此广泛地融入日常生活中。那么，当一个习惯不会影响生死时又会如何呢？

学生时代，相信很多人在改变习惯这件事上都屡次失败，比如想着"要在早上几点起床学习"，却难以执行；想着"从明天开始，我要每天整理自己的房间"，却在不经意间弄得乱七八糟，等等。

要想改变一个习惯，是很难的。

不过，部队却能够在短期之内改变人们的习惯。

部队会用1～3个月的时间来让新兵养成各种习惯，从敬礼、队列等基本动作，到语言表达、内务整理、就餐及礼仪等。

新兵们的个人经历和生活环境都截然不同，但在共同生活的过程中，他们的生活方式会在不知不觉中逐渐走向统一，每一个人都会逐渐成长为优秀的士兵。

并且，这些习惯将一直保持到退伍，甚至可能在退伍后继续存在。

这些"改变习惯的专家们"使用的秘密武器就是"400 次尝试"。

 ## 经历 400 次，习惯才会发生变化

新兵入伍后，首先要接受的是基本动作训练。

基本动作是身为一名士兵的最基本素质，必须在入伍仪式时就能展示出来，所以在从入伍到入伍仪式的大约一周之内，必须对新兵进行严格的训练，以让他们能够完成最基础的动作。

在入伍仪式结束后，新兵们依旧会反复练习，使优雅的动作成为习惯，比如敬礼时手的角度、手腕的位置，甚至是抬手的速度。如果出现错误（失败），教官会一边测量角度和示范，一边进行严格的指导，并反复检查，直到士兵能够达到优雅的动作标准。

自主练习也是必不可少的。只要有时间，士兵们就会看着镜子练习，或者与战友互相指导。向右转、向左转和向前进等基本动作也是如此。

每天都会一遍又一遍地练习，犯错了就改正，再犯错就再改正，不断重复，直到完成为止。即使这样，第二天依然可能再次犯错。

士兵们每天都会重复这样的日常，在训练了大约 400 次之后，才最终形成了习惯。

如果是严重的失败，那么要经历 40 次失败，才能形成身体记忆。

所以一个人想要改变，必须经历 400 次锻炼或者 40 次巨大的失败。这就是我们所说的"40 次和 400 次原则"。

📎 用"还没有经历 40 次失败"的心态去守护家人

在抑郁状态下，即使你努力地尝试去改变生活习惯，但因为疲劳感（负担感）而很难付诸行动，就会**感到焦虑不安**，比如"如果自己失败了，别人会生气""反正这次也不会成功"，并且**一边努力，一边因再次失败带来的罪恶感和无力感而承受三倍的伤害。**

面对家人，**请你用"现在没有成功，是因为还没有经历 40 次失败"的心态去守护他们。**

4 你要明白，人至少会经历 40 次低谷

 要理解抑郁症的康复并不是一帆风顺的

患者鼓起勇气去看医生，被医生诊断为抑郁症，并为其开了药物。

患者本人及其身边的人或许都会稍微松一口气，以为接下来会顺利康复了。

然而，实际上抑郁症并不会直线恢复，正如前文中提到的，**抑郁症的恢复需要一段漫长的时间。**

抑郁并非感冒，而是"骨折"。

而真的骨折，可以通过 X 光来检查骨骼状况，患者也能够观察到疤痕消退，察觉到疼痛消失，由此意识到自己正在康复，但抑郁症并非如此。

抑郁症在康复期间也会存在波浪

抑郁症存在一种波浪。特别是在康复期间处于二级疲劳（双倍模式）时，有时候状态良好，人们会感觉仿佛处于一级疲劳（一倍模式）；反之也有能量突然下降到三级疲劳（三倍模式）的时候。

即使患者的状态大幅恢复，进入了一级疲劳（一倍模式），偶尔还是会有巨大的低潮袭来（波浪），让患者认为"病情又恶化了""是不是永远治不好了"，由此深受打击，觉得"抑郁症这么痛苦，我还不如消失好了"。

对于在身边守护他们的人来说，在看到家人痛苦的样子时也会受到冲击，觉得"自己应该再做些什么"（自责）"真的无法康复了吗？"（不安），或"痛苦的日子还没结束吗？"（负担）。

其实，这是**抑郁症康复过程中的常态。患者正是在不断地体验这种痛苦波浪的过程中，逐渐康复的。**

触底体验会孕育出全新的自我

触底体验，就是接纳"光靠自己一个人的努力是什么也做不到的"这一事实的过程。

在依存症的触底体验中，只有当现实世界崩塌，被家庭抛弃，彻底"跌落谷底"时，人们才能够做到积极的放弃（旁观），从而使生活得到改善。

抑郁虽然不会发展到使现实生活崩溃的程度，但抑郁的痛苦同样让人们饱受波浪的折磨，从而接受现实，决定"放弃"。从这个意义上来说，我们也将抑郁的痛苦称为"触底体验"。

在抑郁恢复期间，最好要做好心理准备：至少会经历 40 次触底体验。

例如，当你恢复到可以外出的时候，久违的出门购物，就碰到一个很难相处的邻居，回家后感到身体不适；或者你患有花粉症，一到花粉季节就会头晕，或者因为鼻塞而难以入睡，从而加重了抑郁症状。

这时，患者往往会感到自责："如果自己当时不出门就好了""当时应该更注意防范花粉的"，等等。

但是，不管本人怎么努力，总会有一些事情是不可避免的。就算什么都不做，把自己关在房间里，低潮的时候还是会感到沮丧。

　　任何人都要做好心理准备：即便不情愿，但至少会经历 40 次这样的触底体验。这种体验会让患者和身边的人一起慢慢地认识到，单凭自己的努力是无法改变什么的。这是非常重要的一课。

　　按照前面所说的 400 次和 40 次原则，这种体验相当于经历 40 次重大的打击。这也许对正常人而言微不足道，但对于处于双倍和三倍模式的患者来说却是相当深刻的经历。

没有抑郁症，就不会经历 40 次这样的挫折感。

同样是经历苦难，有的人余生一直生活在恐惧之中，有的人将苦难化为精神食粮，更加顽强地生活下去。后者的此种能力被称为"心理韧性"，是指能从抑郁的痛苦经历中，经过 40 次的学习实现脱胎换骨，获得新生。

有时，正因为经历过抑郁，我们才获得良好的适应能力

5 如果酗酒、刷社交软件、购物的频率异常增加，你就需要注意了

 理解患者自己的应对方法（依赖心理）

一旦陷入抑郁状态，"四种疼痛"——自责感、无力感、焦虑感、疲劳感（负担感）会放大患者的痛苦。为了缓解这种痛苦，患者会尝试用自己的方式去应对。

这些方法很多都是患者自己一直用以缓解压力或转换心情的方法。

精神状态好的时候，一切方法都很有效。而当患者处于抑郁状态时，周围的人就会认为"就是这么做才导致了抑郁恶化，你已经依赖成瘾了"，因此把这种行为叫作"依赖"。

"依赖"就像是快要溺水的人拼命抓住的一根荆棘藤蔓。

容易上瘾的行为和事物

- 购物
- 赌博
- 异性
- 游戏
- 夜晚游荡
- 增强体力、马拉松
- 桑拿
- 美容、整形

- 社交媒体
- 欺凌、职场霸凌
- 毒品类
- 轻犯罪
- 危险行为（暴走）
- 医疗、心理疗法
- 宗教、占卜

就算手被荆棘划破血流不止，可一旦松开它就会溺水，所以患者不能轻易放手。而身边的人看到自己的家人手握着荆棘的藤蔓，就会想"必须尽快让他放弃。"可是，越是试图强行将藤蔓剥离下来，他们就越是会竭尽全力地抓住。

甚至，患者还会产生第三种无力感："你们都不明白我的痛苦。"

我们只有先将救生圈交给他们，患者才能够放心地松开荆棘："这样我就不会溺水了。"

让我们来看几个例子。

酒精依赖

抑郁状态常常伴随着不安、自责和无力感。

有的人在精神好的时候会借酒消愁，在抑郁状态下也会使用同样的方法，试图用酒来暂时忘掉烦心的事情。也有人苦于失眠，为了睡上好觉而喝酒。

但实际上，酒精不仅会使人脱水，还会让人在几个小时后清醒，影响睡眠质量和时间。

另外，有些人喝酒追求的是醉，而不是好喝，所以容易宿醉。这和抑郁特有的波浪（一天里的情绪波浪、在凌晨心情经常变差）结合，导致迟到或带着酒气上班，就会使其丧失社会信用，反而徒增了额外的压力，于是又开始喝酒，陷入恶性循环。

毫无疑问，也需要注意的是，酒精可能会加强药物副作用，如果接受检查后医生开了药，在服药期间饮酒就会使药效变差或者药效过度，最基本的就是不要同时饮酒和服药。

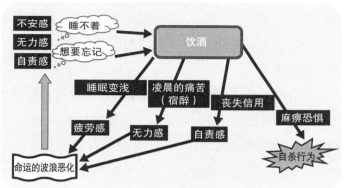

🍃 社交媒体依赖

社交媒体作为一种便捷的沟通工具，无论在工作中还是生活中都发挥着巨大的作用，已经成为我们日常生活中不可或缺的一部分。

在抑郁的时候，社交媒体可以帮助患者治愈孤独和获取信息。

但另一方面，社交媒体也有与抑郁不相容的地方。

我们必须知道的一点是，过度的情绪波动会加剧睡眠不足。

在 Twitter、Facebook、Instagram 等社交媒体上，我们不仅可以和朋友、熟人，还可以和陌生人进行交流。如果仅仅是交流那倒还好，但我们总是会无意识地将自己与别人做比较。

人在精神饱满的时候，在社交媒体上看到别人过着充实的生活和开心的样子，只会觉得"真好""太棒了"。而当一个人在抑郁状态下，对自己失去自信的时候看到这些，就会陷入不安，感觉这个世界只有自己不幸，然后被忧郁的心情笼罩。

还有的时候，如果写下的文字没有人点赞，就会认为"自己被讨厌了"，或者"不被他人需要了"。

为了减少这种无力感和不安，人们会继续拼命地写文章，或者在别人的文章下面留言，甚至已经沉迷于社交媒体到了不惜减少睡眠时间的地步，导致抑郁症状不断恶化。

案例：初中三年级学生 C（女性）

半年前，C 得知和自己关系很好的小团体中，有一名成员说了自己的坏话。她开始对人感到恐惧，社团活动也变得不再愉快。C 的食欲大减，一想到要上学就想呕吐，可这种状况也无法和父母商量，她只好硬着头皮去上学。

由于晚上睡不着，C 一会儿玩游戏，一会儿看视频，很快就到了凌晨两三点，睡眠时间只剩下 3～4 个小时。

C 开始在社交媒体上投稿，寻找和自己一样的人。

于是，那些素不相识的人就会对她说一些温柔的话，倾听她的心声。有时被人留下了恶评，C 就会请求温柔的人发表评论，并持续回复粉丝的评论，变得片刻都离不开手机。

C 这才发现，原本仅 3 个小时左右的睡眠时间也都被用在了社交媒体上。直到她在学校晕倒被送到医院后，C 的父母才注意到了她的情况。

举这个例子，就是希望读者们能够明白，现代人特别是年轻人非常容易沉迷于社交媒体。

 购物依赖

为什么购物频率高会对抑郁产生影响呢？

获得想要的东西是一件很快乐的事情。按照预算来有计划地购物并不成问题，但如果是想通过购物来缓解抑郁或压力的话，就要注意了。

案例：家庭主妇 D（38 岁，女性）

D 因为生孩子辞去了工作，成为一名家庭主妇。

孩子上幼儿园后，她突然有了充裕的时间，开始考虑重返职场。D 的丈夫则对她说："孩子上初中之前，希望你能够待在家里。"于是 D 放弃了再就业的想法。

本来，D 已经接受了这个安排，可当得知跟自己同一批进入公司的人都晋升了，她就难以入睡，开始自责："如果当时继续工作的话，现在我也晋升了""只有我被社会抛弃了"。开始变得提不起干劲，烦躁情绪也越来越强烈，甚至会迁怒于丈夫。

看到 D 变成这样，丈夫说："我们去买点东西来缓解压力怎么样？"从此，D 开始了网购。每当有压力的时候，D 就会购物，不知不觉间，她的信用卡已经欠了 5 万多元人民币。

我们认为购物能让人短期内情绪高涨，获得成就感和幸福感，这样一来心情也会暂时好一些，但像这样的感觉是由购买的"行为（过程）"而非买到的"东西"所带来的，所以人们会不断地购物。

如此一来，没能控制住购物欲望的无力感和后悔感（负罪感）就会增强，对于付款的不安也会加剧。事实上，信用卡的贷款越多，负担感也就越强，从而刺激到"四种疼痛"。

D 对购物的依赖加重了抑郁。

如果购物频率较高，我们买东西的时候要改用现金支付，远离邮购节目和邮购目录。

 如何应对依赖心理？

对于患者本人来说，依赖是为了生存所做出的最大努力，所以我们首先要做的是理解患者只能寄希望于这种行为的困境，认可他们一直以来都在努力忍受着痛苦。

在此期间，**我们要告知患者依赖的负面影响，但不能强迫他们戒断**。

首先，我们要优先处理抑郁状态（处理疲劳）。在大多数情况下，当抑郁状态逐渐好转，他们自然也就不再有依赖行为。

但是，当依赖的负面影响太大时，我们就需要和患者好好沟通，共同寻求其他方式来减轻痛苦，这时也可以向擅长抑郁支援的心理咨询师寻求建议。

专栏： # 如何看待恋爱、自我启迪和宗教

抑郁与恋爱

人一旦生病，心灵都会变得脆弱，希望有人来支持自己，陪在自己身边，这就有可能发展成恋爱关系。抑郁症也是如此，患上抑郁症的人会更强烈地渴望有人能够理解自己、保护自己。

如果恋爱关系碰巧顺利的话，就会成为一份救赎，可遗憾的是，存在抑郁症的恋爱关系会因"症状"的影响而容易变得不稳定。

在恋爱关系中，如果对方没有按照自己期待的那样行动，即使在精神饱满的时候，内心也会产生巨大的摇摆，消耗很多能量，比如"是不是我的沟通方法不好（自责）""对方可能讨厌我了（不安）""为什么不理解我！（愤怒）""这样的我无论做什么都会被讨厌（无力）"。恋

爱并不全是美好甜蜜。

这种恋爱中痛苦的一面，在人们抑郁的时候会被扩大 2 倍、3 倍。很多患者因为受到恋爱摇摆不定的影响，导致抑郁症状加剧。

一旦像这样变得痛苦，人也会产生想死的心理。结果甚至会用生命威胁恋爱对象。对方也会因此筋疲力尽，最终导致失恋。因此而带来的痛苦会是正常人的数倍之多。

此外，在抑郁时谈恋爱，人们会倾向于喜欢能够理解自己痛苦的人，也就是说，对方大概率也有抑郁的倾向。这种情况下，一方痛苦的时候虽然可以依赖另一方，状态良好的时候也会相互扶持，可一旦双方状态不好的时期偶然重合，就容易导致负面的乘数效应，很多人就会觉得"对方不肯帮我""我被背叛了""我被讨厌了"。

话虽如此，坠入爱河也是人生。如果在抑郁的时候，因为恋爱关系而感到痛苦，那么最好向心理咨询师咨询一下和恋人的交往方法（保持心理平衡的方法）。

即使周围的人作为旁观者，认为这是一段毁灭式的恋爱关系（依赖），也不能够强行地分开他们。一旦这么做，患者在状态良好的时候也会变得痛苦不堪。并且恋人之间越受到外界反对，就越是会强烈地寻求彼此。

许多情况下，患者自己也意识到了这是一种消极的关系，所以请和他们一起思考如何才能摆脱"想离开却又离不开"的烦恼。

不要让患者一个人承受痛苦，只要有人给予理解，对他们来说就是巨大的支持。

抑郁与自我启迪

长期不工作、不上学的人，很容易产生一种只有自己被落下的感受，对休息养病的负罪感会越来越重。于是，一些人希望在休假的时候能够改变自己、有所成长，他们会去参加一些自我启迪研讨会，或者读书、看 YouTube，努力使自己获得提升。

不仅是自我启迪，还有一些人会去挑战资格考试，或者开始去健身房锻炼身体，还有一些人则是会沉迷于一夜暴富的投资。

尤其是对于那些成绩优异的学生和热爱体育的人来

说，这种倾向似乎更加明显。他们希望通过自己擅长的学习或努力，来慢慢地找回因为抑郁而丧失的自信心。

然而，这些行为并不能和抑郁症友好共存，原因主要有以下两点。

其一，它们都属于努力，也就是一种消耗能量的行为。能量不足是现代人抑郁的根源。能量不足会导致抑郁，从而使自信心也会减少。如果试图用努力和消耗能量来增加自信心，就会适得其反。

其二，当人陷入抑郁的时候，大脑会停止思考，精力和体力都会下降。执行力不足很容易导致挑战失败，使人丧失信心。

自我启迪的对象本来是精神状态良好的人，是一种自主的成长行为，包括对过往的自主反省，自觉地去完成应该做的事和应该努力的事。抑郁症患者在实施上述行为时，会对达不到预期的自己产生更强烈的自我厌恶、自责感和无力感。

当他们想要通过资格考试的时候，大脑停止运转会让他们很难在考试中取得好成绩。如果考试失败，情绪低落程度自然会是平常的两倍、三倍。即便考试通过，由于心底里缺乏自信的这种状态没有改变，所以他们只会认为这次只是碰巧考过了。甚至也有人会为合格后的压力而感到烦恼。

投资则会被信息牵着鼻子走，沉浸在恐慌心理中，一瞬间就会产生巨大的消耗。投资失败带来的打击与抑郁的贫困妄想（感觉自己没钱的妄想，是自信缺失的表现之一）结合，很容易造成毁灭性的后果。

类似这些自我启迪的行为，我们可以等到抑郁症康复后再慢慢地进行。

抑郁与宗教

宗教就像恋爱，是患者在遭受苦难时希望抓住的救命稻草。在这个时期，宗教是一种心灵支柱。

不过从另一方面来讲，宗教也有可能会带来迷信。

当我们与宗教打交道时，必须要有一个平衡。如果一个宗教对生活方式、人际交往、经济方面的限制，与当今的生活方式有很大的不同，那么这种差异就会成为"忍耐"与"矛盾"，很多时候还会导致你的人际关系产生变化。无论是哪一种结果都会加重疲劳。

我们希望患者能充分利用宗教的救赎之力，但也希望他们能理性地看待宗教，以控制上述这些现实的消极因素。

人一旦陷入抑郁，就意识不到自己的思维已经变得非常极端。

如果自己无法找到平衡，或者宗教的消极因素已经造成很大的影响，那就不要独自思考，而是要和可以信任的人商量，征求他们的客观意见。

周围的人也不能用理论或伦理来迫使患者脱离宗教。首先，请仔细聆听患者为什么要求助于宗教，并给予理解。人如果没有安全感，就不会放弃紧握的东西。

6

有能力活动的时期
也是最危险的时期

 骨折后如何恢复才可以跑步？

在第 1 章中，我们提到了"抑郁症是一场心灵的骨折"。

假设你的脚骨折了，那么要经历怎样的康复过程才能恢复到可以跑步的状态呢？

如果脚踝骨折，会伴随剧烈的疼痛，导致行走困难。这通常需要做手术，或者用石膏固定住患部以制止患部活动。

一般 2 ~ 4 周就可以出院，但这并不意味着痊愈。

不活动的肌肉会处于静息状态，其重量每天会减少约 3%。最近，人们试图从恢复早期就开始一些康复训练，以活动患处之外的其他关节，但这伴随着剧烈的疼痛，只能在恢复过程中逐渐增强训练力度。在取下石膏时（第

3 ～ 8 周），肌肉已大量减少，并变得非常纤细，所以还需要进行一些增加肌肉和恢复肌肉功能的康复训练。

从活动关节、逐渐增加负重（体重）来开展步行训练，到能够正常行走，大约需要 2 ～ 4 个月的时间，到能够正常跑步，有时则需要 4 个月到 1 年的时间，这取决于骨折的程度。

长时间不运动后，只要稍微能跑步了，人们就很容易勉强自己去增加负重，但骨折过的人很容易感到疼痛和疲劳，能够自行"踩下刹车"，因此可以防止受伤等危险。

骨折后，即便稍微可以跑步，也仍然要小心翼翼地继续康复训练，增加肌肉，循序渐进地增加负重，最终才可以全力奔跑。

 ## 抑郁症中的"可以行走和奔跑"是怎样的状态？

骨折后要经过 2 ～ 4 个月才可以恢复行走。那么，抑郁症恢复到正常状态的过程是什么样的呢？

开始抑郁症的休养和治疗后，首先焦虑感会缓解，睡眠会逐渐改善。随着大脑的疲劳慢慢地恢复，脑海中的迷雾渐渐散去，身体的倦怠和疲劳感都会减轻，食欲也会好起来。

有了充足的睡眠和营养后，就不会再担心身体上的各种不舒服，快乐和意志力也会稍微恢复，变得可以在短时间内做自己喜欢的事情。

如果用三个阶段来比对，这个时期就是刚刚从第三阶段升到第二阶段，如果用骨折康复过程来打比方，就是终于可以行走了。在骨折刚好转的情况下，应该没有人会想要突然跑起来吧。

然而，很多人却在抑郁状态下"奔跑"。

这是由于进入第二阶段后，波浪状态良好的时候偶尔会将人送至第一阶段。有那么一刹那，你会有一种找回了从前的自己的感觉。许多人被这种感觉蒙骗，然后就开始跑了起来。

 为什么是最危险的时期？

在双倍模式下，能量并未完全恢复。患者感受到的辛劳和痛苦是平时的两倍，能量消耗自然也会加倍。

换言之，如果因为身体好、心情好就去像从前那样地工作，那么转眼间能量就会枯竭，回落到三倍模式。

这个时期，其实很多患者会感受到前所未有的痛苦。这是由于他们在抑郁的时候，各种不适的开关会逐渐开启，并在进入低谷期后全部打开。换句话说，这是一种自责、不安、愤怒和自信丧失都达到峰值的状态。

不安和无力感（"抑郁又恶化了""是不是再也治不好了"）、自责感（"都怪自己不够努力""又给周围的人添麻烦了"）、焦虑感（"再不快点治好的话……"）都会放大

3 倍，"想要消失""不想活了"的情绪也会越来越强烈。

而且与低谷期相比，他们的思维和身体都变得可以活动，也更有可能付诸行动。

案例：护士 E（30 岁，女性）

E 担任护士职务已满 5 年，逐渐开始承担一些重要业务和指导后辈等重任，对待工作也很积极热情。但是 E 指导的后辈犯了不少错误，她花费了大量的时间去补救，还经常因此而被上级训斥，等回过神来才发现自己已经陷入了抑郁状态。

在停职期间，出于"给大家添麻烦了"的罪恶感和"必须早点回归职场"的焦虑感，她一直在看护理的相关书籍，并学习电脑知识。

主治医生建议停职 3 个月，E 却放不下负责的患者和后辈，虽然知道自己的状态也不过是好了一半，但仍然一个月后就复职了。处于双倍模式的 E 依然像停职之前那样拼命地工作，认为自己必须弥补给大家添的麻烦。在大约一个月后，她的抑郁状态再次加重。她对自己感到绝望，也无法向周围的人寻求帮助，突然就消失了。幸运的是，当 E 的家人找到她时，她并没有受伤，但却只能再次停职。

综上所述，患者虽然可以行动了，可实际上还处于第二阶段疲劳期（双倍模式）的话，就会轻易地对无法像从前那样活动的自己感到绝望。需要注意的是，因为此时患者本人看上去很有活力，所以身边的人对其的关怀也会减少。

我们要注意，患者本人感受到的痛苦和周围的人看到的症状是有差别的

7 医疗机构无法治愈心灵创伤和自信缺失

 在重返社会阶段，痛苦的记忆会再次苏醒

在从抑郁走向重返社会的阶段后，人们在"身体不适开始期"和"他人模式开始期"中所体验到的痛苦回忆都会被强烈唤醒。

虽然患者说了很多次自己的遭遇，但因为是很久以前发生的事情，而且都不是什么大事，所以很难被周围的人理解。

出现这种现象是因为强烈的、长期的抑郁痛苦会作为一种"重大事故体验"储存在人们的记忆里（创伤化）。

一个人如果遇到事故（冲击性事件），就会竭力地记住当下的意外（危险），以便将来不会再有类似的事情发生。

如果只是一次事故，人们就会记住和事故相关的事情，但是当人处于抑郁状态时，抑郁的精神症状会让他们对家庭或职场上发生的事情感觉到平时 2 倍、3 倍的痛苦，其结果是其日常接触的人、工作（行为）、场所、物品（汽车、电脑、笔记本……），等等都会染上痛苦的记忆。

这种记忆只能随着习惯而淡化。如果一个人在职场中留下了这样的痛苦记忆，那么即使他恢复精力并重新回到了工作岗位，也不可能立刻全神贯注地投入到工作中，因为他会感觉到一种强烈的恐惧和不安，而控制这些情绪需要耗费大量的能量。

他必须针对被创伤化的记忆对象，逐渐进行适应训练。通过适当的休养和训练，痛苦的回忆就会慢慢地被淡化。

但另一方面，患者在这种适应训练中会与社会接触，并受到刺激，这也需要一定程度的承受力，同时也会消耗体力。

此外，训练中容易产生抑郁的消极波浪，患者本人也容易失去信心，怀疑自己根本无法痊愈。

想要彻底地从抑郁中恢复，关键就在于重拾自信。

唯有投身于社会生活，才能重拾自信

要想感受到自信，就要不断地体会"即使再次遭遇巨大的风浪，我也不会回到过去的抑郁状态"。相比于完成什么重大的工作，不断积累平凡的日常才是最重要的。

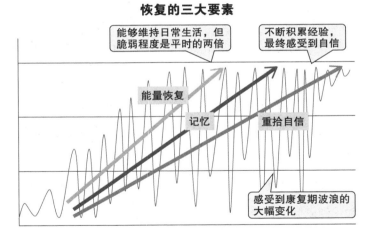

恢复的三大要素

对抑郁体验的定位也会对信心恢复产生一定的影响。

举例来说，根据以下三种想法，自信的恢复程度也会有所不同。

想法一："脆弱的我患上了抑郁，在不断逃避中总算是恢复了。"

想法二："抑郁是一种疾病，我在医生的帮助下恢复了。"

想法三："抑郁是一种疲劳，通过自我调节来控制疲劳后，我终于痊愈了。"

想法一，意味着脆弱的自己必须一辈子过上逃避抑郁的生活。想法二，自己因为生病而抑郁，如果没有医生的帮助就无法生存下去。

而在想法三的情况下，人们会认为只要控制疲劳就能预防抑郁，即使抑郁了也能恢复，面对压力时也不会过于恐惧或贬低自己，并采取应对措施。

所以，要想重拾自信，**就只有在现实社会中不断锻炼，学会控制疲劳。**

此外，有时公司会要求患者在完全康复之后再回到职场，但简单的休养是无法促进改善记忆和自信的。

当能量恢复到一定程度时，通过逐渐增加在生活或

职场中的活动量，记忆和思维就会朝着现实的方向不断修正。

同时，在面对波动时仍能坚持工作的经历也会增强自信。

因此希望读者们理解，抑郁并不是只要长期休养就会恢复这么简单。

在社会生活中获得的自信，会成为患者康复的重要因素

8 遇到暴力和辱骂时要与其保持距离，勇敢地借助医疗机构的力量

 无论是为了家人还是自己，都请保持距离

在这里，我们想对在患者身边且正在帮助他们走出抑郁状态的人提供一些直接的建议。

人一旦处于抑郁状态，就容易因过度的自卑（无力感）、自责感（罪恶感）、不安和焦虑等，变得焦躁不安、疑神疑鬼。

失眠和营养不良还会导致大脑停滞，使患者无法控制自己。

于是他们会变成另一个人，就连以前性情温厚的人，有时也会对（尤其是）身边的人宣泄焦躁和不信任感。

如果这种焦躁的表现只是偶尔发生或者程度并不严重的话就还好，但如果暴力或辱骂变得严重的话，就可能是

症状恶化或者隐藏着抑郁症以外的疾病。**不只是为了你自己，也是为了你的家人，请尽早去医疗机构咨询。**

暴力语言是当患者成为另一个人时所说的话，因此没有必要认为这就是他（她）的真心，暴力也是另一个人做出的行为。而因为该行为受到伤害的却是你自己。

即使在没有患抑郁等疾病的情况下，我们也很难忍受家庭内的身体暴力或语言暴力。如果这些痛苦都来自于那位患有抑郁的家人，你可能就会认为"只要我能忍耐就好了"或者"患者本人才是最痛苦的"，然后不跟任何人商量，独自默默地承受着一切。

可是，一旦你的心情坏了，你就无法给他们提供支持了。请鼓起勇气考虑一下尝试适时地与他们保持距离吧。

静心休养，依靠他人，而非孤军奋战

即使没到这种程度，给有生命危险的患者持续提供支持也是一件令人疲惫的事情。万一进展不顺利，自己也有可能耗尽能量，陷入抑郁。

对于支持者来说，帮助抑郁症患者需要相当多的体力。

所以我们特别强调，**抑郁患者的家属及其周围的人一定要照顾好自己，这也是为了帮助患者本人。**

首先，请你好好休养。

有时请与患者保持距离，给自己留出一点专属时间。在这段时间里，请将患者转交给其他人或者机构照顾。

如果你感到强烈的自责和担忧，认为自己的离开是一种抛弃，并且无法和患者分开的话，你可能已经陷入了依赖之中，不妨考虑一下去精神科就诊。

抑郁患者一定是你生命中十分重要的人。你不可以一个人背负他（她）的生命，必须要有足够的勇气，去寻求专业人士的帮助。

专栏： # 复职时患者及其家属应注意的事项

要知道，复职和重新开始都是一项大工程

随着康复训练的进行，那些曾经有过工作的人会开始考虑复职。

当然，也有人会因为抑郁而开始重新审视自己的人生，辞去工作或尝试全新的生活方式。

在此，我们想简单地向读者们介绍一下重新出发时的注意事项。

首先，我们要认识到，复职或开始新的生活方式都是一项浩大的工程。如果你以为这只是单纯地回到以前的职场（或者是同等水平），那么你就会遭遇失败。

这是因为，即使你的能量本身已经恢复，你也仍然处在第二阶段，抑郁带来的思维偏差、痛苦记忆尚未恢复，感受到的负面情绪也是平时的两倍、三倍，你就是在这样的状态下重新回到了社会。

客观来看，这份工作或许是曾经干劲满满地做过的，别人也能一边享受一边工作，但是对于复职的人来说，却会感受到两倍、三倍的压力和痛苦。

那么你可能会想，多花些时间休养后再复职就好了，但正如前文所说，能量会随着时间推移恢复，但思维偏差、记忆和自信只有在社会（职场）中才能得到恢复。换言之，你只能去习惯它。即使未完全恢复，也要进入社会。

并且你需要明白，这种"习惯"并不只是一项艰苦的工作，它还需要经年累月的坚持。一般最短也需要半年，花费数年时间的人也不在少数。

这是前文提到的"康复期"，在此期间如果勉强自己的话，很容易又会回到抑郁状态（第二、第三阶段）。许多人在回归工作后很快就又会陷入抑郁状态，因此精神科的医生们不会说抑郁痊愈了，而是较多使用"缓解（已得到控制的状态）"的说法。

复职指导方针

日本政府逐渐了解到抑郁患者复职的艰辛，由日本厚生劳动省制定了复职指导方针——《针对因心理健康问题停业劳动者的复职支援指南》（以下简称《复职支援指南》）。

我们简单地说明一下从停职到复职的流程。

复职支援步骤（日本厚生劳动省《复职支援指南》）

第一步	患者开始停职养病，为其提供停职期间的关怀
第二步	主治医师评估复职的可能性
第三步	判断患者能否复职，并制订复职支援计划
第四步	最终确定复职
	复职
第五步	复职的后续跟进

患者本人向公司提交由主治医生开具的《病假停业诊断书》，开始休养。

当抑郁恢复到可以考虑复职的程度时，主治医生会开具可以复职的诊断书，随后由工作单位确定复职。该过程往往会涉及职业健康医生、总务人事和复职工作单位的领导，等等。

在恢复工作时，公司会制订一份复职支援计划，在该计划的基础上，逐步增加员工的工作量，让其慢慢适应原来的业务要求，帮助他们重返职场。

然而，这只是日本厚生劳动省推荐的计划，实际上每家企业的系统不尽相同，有些中小企业基本上没有这样的系统。所以请先向人事确认一下公司的复职机制。

此外，有些公司还设立了"试出勤"制度。该制度包含了模拟出勤（到图书馆等地方度过与工作时间同样的时间段）、通勤练习（离开家到公司附近度过一定时间，然后再回家）和试出勤（在工作场所待一段时间），让员工在确认能否复职的同时做好相应的准备。试出勤后，主治医师也可以根据患者的情况来判断其能否回到职场。

上述这些制度及流程均可以在日本厚生劳动省的主页上查询。

如果复职单位没有设置这样的流程，你也可以找心理咨询师等第三方，尝试向公司提出自己的复职计划。

不想落实复职计划

你也许认为拥有一个健全的复职支援系统似乎是一件好事，但是它也有可能导致复职失败，因为人们对工作单位制订的复职支援计划的性质有着错误的理解。

一般来说，"计划"是指确定一个最终目标，并为了实现该目标而制定每一时期应该达成的子目标。在经营企业时，按部就班地完成目标是非常重要的。

而康复期间则会存在一些波浪，无法按照既定计划发展才是常态。

让我们拟定一个复职支援计划——"两周后可以上夜班（最终目的）"。

如果你还被常规的计划观念所束缚，那么当抑郁症状受波浪影响而恶化时，你就会觉得"今天身体还是不舒服，我又得休息了"，然后被过度的自责和不安所刺激，担心如果无法照常完成计划就会被辞退，会辜负周围曾经对自己好的人的期待，等等。

此外，不仅是患者自己，就连家属也会曲解计划的性质，认为无法照常完成计划是源于当事人的懒惰，然后就会想让他们再加把油。

甚至，职场里的人事总务、上司如果没有抑郁症复职的经验，他们多半也无法正确理解计划的性质，将计划无法照常完成归因于当事人没有认真对待。

一旦所有人都这样想，患者的状态就会因复职支援计划而恶化，最终无法顺利地回归职场。

请读者们理解，复职支援计划仅仅是一种最低限度。

不仅患者自身的状态会存在巨大的波动，就连社会也会发生震荡，公司也有经营状况差的时候，周围的人也有跳槽的时候。在没有尝试之前，谁也不知道复职能否按照计划进行。因此，我们首先要尝试，然后在遭遇变化的时刻持续修正轨道。计划只是一种用来试错的原案，而非命令行动的准则。

我们若不顾一切地死板遵照复职支援计划执行，反而会加重病情，危及复职。

复职过早和复职延迟

还有一个大家会感到困惑和烦恼的问题，那就是复职的时机。

我常常接到这些想要尽快复职的咨询："我该怎么办，如果不早点复职的话就会变成离职了？""我已经恢复得这么有精神了，可以复职了吧？"。

相反地，还有一些人会来咨询他们对于复职的不安："家人都说我看起来很有精神，但我还没有复职的信心""主治医生刚说要复职，我就感觉身体不舒服"。

当人处在抑郁状态时，不安和焦虑是挥之不去的症状。并且，正因为患者的自信心下降，他们才会想要尽快地恢复自信。这就会造成过早复职。家属需要注意这一点，并照顾好患者使他们不必着急。

另一方面，当能量还没有充分恢复，或者在第三阶段出现的记忆障碍很严重的时候，又或者当复职多次遭遇失败的时候，负担感和恐惧会给复职踩下刹车，这就会导致复职延迟。

如何把握复职的时机？

那么，怎样才能把握好复职的时机呢？

如下图所示，日本厚生劳动省的指南中列举了一些回归职场时的判断标准。但这仅仅是一种标准，我们没必要太过拘泥于此。

回归职场时的判断标准

- 患者展现出了充分的工作意愿
- 在通勤时间能够一个人安全地上下班
- 可以在规定的工作日、工作时间内持续工作
- 能够进行业务所需的作业
- 作业产生的疲劳能够在第二天充分恢复
- 白天没有困意，并且保持着合理的作息规律
- 完成业务所需的注意力和集中力正在逐渐恢复

日本厚生劳动省　《复职支援指南》

这是因为在现实中，很多因素都是因人而异的。例如

能量恢复程度、思维和记忆障碍的严重性、复职单位的工作内容和环境、上司和同事的理解程度、工作繁忙程度、通勤方式和距离、家属的支持，等等。

通常情况下，如果主治医生表示同意复职，本人也愿意试一试，这时尝试和人事总务谈一谈会比较好。然后，先做出第一步尝试。可能患者本人会有些恐惧，如果可以的话，请周围的人也给予他（她）一些力量。

复职后仍然会遭遇低潮

在重返职场大约 1～3 个月后，即使表面上看起来一切顺利，但还是会出现一些低潮。

即使是循序渐进地恢复工作，光是适应久违的上下班生活和工作，也是一件非常艰辛的事情。再加上因休息养病而产生的愧疚和歉意，在意周围人的眼光，人们就容易下意识地变得太过勤奋，从而体现自己的价值。

此外，如果进入与之前不一样的工作环境，就需要建立新的人际关系，对周围的人热心，并尽量让自己看起来很开朗。

当人们因此而感受到疲劳的时候，低潮就会来袭。此时，周围的人请劝说他们先休息一下。

虽然患者们会认为自己通过努力好不容易才得以复职，要是现在休息肯定又会失去信任，但这种复职后的低潮是一定会到来的，只要把握住节奏，好好休息 3 天到 1 周，通常就都能渡过难关。

然后，人们就会意识到自己有些超负荷工作了，他们会在调整之后继续回到工作中。总之，这种试错是必要的。在这期间，最好能够及时地向心理咨询师寻求帮助。

在经历了这种一两年的动荡期后，最终人们就会迎来"最近有点忘记抑郁这件事情了"的时期。这就是从抑郁中康复的历程。

恢复不足也必须重返社会的情况

有些时候，尽管患者本人还没有复职的想法，也不处于复职的时机，但还是会有因为临近停职期限（离职时间）或者收入方面的原因而不得不复职的情况。

在这种情况下，请做好复职后会有痛苦时期的心理准备。包括周围的人在内，要对未来的痛苦时刻保持冷静，并做好计划。

另外，有些人会选择换工作或者创业，而非复职，这可要耗费比复职更多的精力。这也要求我们在一定程度上对新环境中可能出现的障碍有所设想，并制订好失败时的避难计划。

在换工作的时候，我们也许会担心自己的职业生涯会有一段空白期，但是就像复职那样，在能量恢复期间好好休养是至关重要的。我们建议在离职后，至少休养三个月到半年的时间，然后再去找工作。

复职过程就好比运动员伤愈复出

复职所需的时间长度和过程，与运动员伤愈复出十分相似。

你听说过美国职棒大联盟（MLB）的大谷翔平选手吗？大谷选手于 2018 年接受了一次右肘韧带手术。

手术五个月后，他开始了接球训练，距离是比赛投掷距离的一半以下。如果是复职的话，这就相当于开始试出勤的时期。

　　他在两个月后以打手的身份回归，但是距离作为投手复出还有很长的路要走。抑郁症患者复职时，其过程也会因职场状况等因素而异。

　　手术后一年零四个月，他开始进行手术后的首次投球训练。对应到复职，就是能够全职上班，工作也能完成到停职前的一半左右的时期。

　　手术后一年零九个月，大谷选手终于在正式比赛中登场。2021 年 3 月，他以自己最快的速度在表演赛上投了一球，这是他在手术大约两年半之后的正式复出。如果是复职的话，这就是能够充满信心地工作的时期。

　　在这段时间里，大谷选手会根据自己的恢复状态逐渐增加负荷量，期间也受过其他的伤，做了一些手术，但在经过耐心地反复练习后，如今满血回归，在赛场上大展身手。在从抑郁症走向复职的过程中，同样会因为太过努力而导致身体状况恶化，或者因为种种人生事件而感到崩溃，但只要我们不过度勉强自己，不让疲劳累积，就能恢复健康。

大谷选手还说:"经历了这两年,我掌握了一些管理身体状态的诀窍,让自己能够持续战斗一整年。"众所周知,在那之后的第三年,他便在 2021 年赛季中获得了 MVP。

同样的,在抑郁恢复的过程中,工作需要的感觉、实际工作后的疲劳程度,以及耗费能量的因素,等等,都只能在职场中找到答案。经过反复的试错,我们就能逐渐找回自我掌控感,从而恢复自信。

第 4 章

当家人抑郁时，怎样既能陪伴他们，又能同时照顾好自己？

1 抑郁支援是一项艰巨的任务

 照顾感冒的家人和照顾患抑郁症的家人有何不同?

当你的家人患上感冒需要照护的时候，你会怎么做?

如果出现发烧症状，你可能会让家人服用退烧药，或者带家人去医院看医生。

你会留意房间的湿度和温度，当病人出汗时，你会给他（她）换掉湿透的衣服，倒水，做一顿易消化的饭菜，并时刻关注他（她）的状态。这样基本上用不了几天，病人就会康复。

但是照顾一位患抑郁症的家人和照顾感冒患者是不同的。

首先，抑郁症的恢复周期非常漫长。

感冒只需要几天就能痊愈，而抑郁症不同，往往要陪护数月甚至数年的时间。

其次，抑郁症不像感冒，没有一种通用的治疗方法来告诉你"只要这么做了，就有这种效果"。

有些疗法虽然被大多人认同，但究竟是否适合，还需要患者本人亲自尝试。就算是以前有效的疗法，也会随着患者的能量变化而出现失灵的情况。

此外，感冒往往会伴有发烧、咳嗽等症状，而抑郁症表现出来的身体症状和精神症状，就连周围的人（甚至是患者本人）都很难察觉，所以人们很难注意到抑郁症状的变化。

抑郁症还存在波浪起伏，总是时好时坏，反复发作。

照顾患抑郁症的家属也会导致疲劳

抑郁的特征表现为能量低、波浪（情绪起伏），以及情感、思维方式和身体状况的变化。其中，波浪是困扰家属最多的问题。

他（她）刚刚心情还挺好的，突然就变得闷闷不乐，开始具有攻击性。昨天还把自己关在屋子里不出来，今天却有说有笑……

你会困惑，究竟应该用怎样的态度与他们相处？

在日常生活中，当抑郁患者的能量不足时，洗澡都会成为一种负担，所以会好几天都不洗澡，饮食没有规律，甚至会因为警戒心而彻夜未眠，通宵打游戏。周围的人总是盼着他们早日康复，于是不断地叮嘱，自己也因为不放心而影响了睡眠，变得越来越烦躁。

如此一来，原本阳光温和的一家人就容易变得烦躁，开始恶言相向，采取攻击性的态度。

这种日子会持续相当长一段时间，作为照顾抑郁症患者的人，自然也会感到疲惫不堪。

那么，要怎么做才能让照顾患者的家属在支援患者的同时，避免疲劳呢？

最重要的是，**家属不能被患者的症状变化所左右，不要将这些变化当成是自己的过错。**

2 波浪体验是抑郁症的症状
之一，并非护理者造成的

 抑郁的波浪是一种症状

实际上，抑郁症状的存在是为了将患者带到一个安全的地方并积蓄能量，所以当患者进行一些活动或者情绪受到刺激时，能量就会被消耗，症状就会加重。这种变化很快，所以人们会感到像"波浪"般的起伏。

举个例子，早晨起床后，你感觉今天的状态很好，决定出门散步。由于散步会消耗体力，原本向上的波浪就有可能急转直下，这会让你产生一种无力感，认为自己连散步都做不到，实在是太没用了。

休息了一会后，能量再次恢复，波浪就会上扬，状态又好了起来，你就决定去洗澡。洗澡时，疲惫再次席卷而来，这次你开始自责："都怪自己太得意忘形了，就是因为洗了澡才……"

天气变化也会引起情绪波浪。就算是充满活力的人，在遇到气压低的恶劣天气时，也可能会感到头痛、眼花、四肢乏力。而在抑郁时，这种天气变化带来的痛苦要强上两倍、三倍，能量被消耗后，抑郁症状化成巨浪袭来。

抑郁的波浪是抑郁状态的特征之一。

但是这种波浪会让患者痛苦难耐，护理者在目睹这一切后也会感到十分痛苦，于是会不自觉地寻找引发波浪的原因，这么做往往就会导致患者本人，以及身为看护者的读者们陷入自责之中，比如，"都怪自己（患者）疏忽大意""都怪自己（看护者）提的建议不好"。

即使抑郁的巨浪袭来，患者及其周围的人都无需感到自责。

波浪就是抑郁的本质，它是一种症状。

我们要做出一种积极的意义上的放弃："虽然很痛苦很讨厌，但除了接受以外别无他法。"

沉着冷静

在接纳了抑郁的波浪后，周围的人要做些什么呢？

答案是沉着冷静。

患者可能会向你倾诉想要轻生的想法，在这种情况下，即使你自己也很焦虑不安，也要努力做到沉着冷静。

这是由于抑郁的人会因为不安而陷入恐慌之中，光是和自己的抑郁做抗争就已经筋疲力尽了。

此时，如果至亲之人也表现出了动摇，他们就会感到"果然自己还是无法得到他人的帮助（不安、丧失自信）""自己给家人带来了痛苦（自责）"。

为了不让家里的人操心，他们可能会竭尽所能地假装成一副没事的样子。

对于患者本人来说，这又会徒增三倍的负担，不久后就会化作巨大的低潮（疲劳感）反噬自身。

为了避免这种状况，希望你能够成为抑郁患者的支柱，陪伴他们奋战到最后一刻。

感到不安也没有关系，哪怕是伪装也可以，要坚定地告诉他们："没关系，你可以战胜它。"

此时，如果你充分理解了我们在前几章中提到的抑郁机制，相信你就能够更加泰然，明白这些都属于正常现象。

如果你能够认识到："现在的他（她）已经不是原来的那个人了。抑郁是起伏不定的，每时每刻都在不断变化，这种波浪很快就能平息下来。"那么你就不会被卷入抑郁的波浪中。

3　"看护"与"忍耐"的区别

什么是看护?

　　心理健康方面的专家经常建议：抑郁症患者的家属要看护好患者。

　　不过，到底该如何看护呢？相信大多数人都会一头雾水。

　　有些人还会觉得这是一种威胁，似乎万一出了什么差错，就是自己的责任。

　　"看护"这个词包含"看"和"护"的两层含义，形容一个人守护着家人，默默关注的状态。

　　我们在养育子女的时候，看护就是指父母默默地保护、关心着孩子，让孩子在成长过程中避免误入歧途，实现独立。

具体而言，孩子进行独立的思考和行动后，可以从成功或失败的体验中汲取经验。而父母要做的，就是对这一过程保持关心，持续观察，在必要的时候倾听孩子的想法，并在此基础上给予最低限度的帮助、鼓励或者提供具有启发性的建议。

但是，看护子女和看护抑郁症患者是不同的。

二者在"保持关心"上并无差别，但在看护抑郁症患者时，我们要尽可能地减少鼓励与建议。

 ## 抑郁症患者的看护要诀

在看护抑郁症患者时，人们出于担心，经常会忍不住询问患者的状态，例如"前一天几点睡觉几点起床？""要不要稍微活动一下身体？"

但是，由于这时患者感受到的罪恶感、无力感、不安感和负担感是常人的三倍，这么做会加剧他们的痛苦，让他们感觉"自己不被信任（无力）""自己连活动身体都做不到，真是没用（自责、无力）"。

在了解了抑郁症患者的痛苦后，家属在看护中用语言和态度表明自己会保持一定的距离关注他，这是十分重要的。例如，"如果发生什么事情，我会支持你的。有什么需要帮忙的，可以随时跟我说。"

更明确地说，就是**不要试图去改变患者的想法与行为**。

患者可能会出现很多症状，比如自卑、过度自责、拒食、熬夜、产生轻生的想法……希望读者们不要要求患者去做点什么以改善症状，即使你的语气再轻柔，也不能在话里加入"希望你改变"的内容，沉默地施压也是不行的。

换言之，**就是请保持一种"顺其自然（放弃）"的心态**。

我知道这对于家属来说是一件非常困难的事情，但这却是最有效的方法。

现在我们已经了解到不能尝试去改变患者，那么我们该怎么做呢？

具体来说，我们只需要做好日常支援就够了。

我们会为感冒的人做饭、洗衣服，并买好生活物资。

在面对抑郁症患者时，请你提供和这些普通看护同样的支援。

此外，即使你非常关心患者身体状况的变化，也不要过分地表现出悲伤和喜悦。我们不要强行地询问患者一些事情，等他想说话的时候再去倾听。这就是对抑郁症患者的看护方法。

"看护"与"忍耐"是不同的

如果有人对你说："要尊重对方，不要着急去引导别人，等对方提出需要时再给予支持。"你可能会感到疑惑，这不就是要一直忍耐吗？

的确，当你在对抑郁症一无所知的情况下，看到家人早晨疲惫得起不来床，又或是刚刚还好好的，突然就变得无精打采，你可能会忍不住想去提醒他打起精神，或者询问背后的原因。

但是读到这里，相信你的想法应该已经有所改变。

　　现在，你已经理解了抑郁症的机制和抑郁症患者的思维方式，能够脱离自己价值观的束缚，从全新的视角来看待患抑郁症的家人的一言一行，从他们现在状态中看到问题背后的本质。这样一来，你就能够做到看护患者，而非忍耐。

　　这种自我控制的力量就是本书所传达的"智慧"。

　　希望你能够把智慧化为力量，在不委屈自己的情况下，为患病的家人提供支持。

4 利用漫画、书籍、援助网站 等资源，共同分担痛苦

 可用的资源日益增多

智慧是你能平静地给予患者支持的力量源泉。

随着抑郁症作为一种疾病逐渐为人熟知，越来越多的人开始公开自己患有（过）抑郁症。

例如，二人相声组合 99（ナインティナイン）的成员冈村隆史、搞笑组合海王星的成员名仓润、演员武田铁矢、木之实奈奈、运动员大坂直美，等等。许多知名人物都公开过自己的抑郁症经历。

你可以通过阅读（聆听）他们的病史来想象患病家人所受的痛苦。

除此之外，还有很多与抑郁症相关的小说和漫画，只要在网络上搜索"抑郁症 漫画""抑郁症 小说"之类的关键词，就可以找到很多相关内容。

比如，《患了产后抑郁症，差点就死了》(『ママのうつ病をなめてたら、死にそうになりました』(上野りゅうじん・ぶんか社))、《患抑郁症的美院生》(『美大性がうつ病になった話』(ねこじま・ナンバーナイン))，等等，这些都是很好的作品。

通过这样的小说和漫画，我们能够了解到普通人是如何患上抑郁症，又是如何走出抑郁症的。

此外，医院、制药公司、日本厚生劳动省等机构的官网上都有关于抑郁症的详细介绍、治疗方法、咨询窗口等方面的信息，也能够为你提供参考。

有时候，认识到"我不是一座孤岛"也是一种心灵救赎

当你对患病家人的情况有了一定的了解之后，对于未知的不安就会减轻，但即便如此，你的痛苦和心酸并不会完全烟消云散，这时应该怎么做呢？

有一种名为"家属会"的活动，可以让那些抑郁症或精

神疾病患者的家属们互相交流，分享各自的烦恼，互相帮助。

家属会的类型多种多样，有以医院为基础的"医院家属会"、保健所主办的"保健所家属会和家庭教室"、按照地区划分的"地区家属会"，以及日本全国或各都道府县组织的联合会。

虽然每种家属会的举办频率各不一致，但大多数都会定期举行。家属会举办的活动十分丰富，例如为家属们提供互相交流和问题咨询的平台，邀请专业人士讲授相关知识，等等，现在也可以通过线上的方式参加。

当你感到不安或痛苦时，与和你处境相同的人交流沟通，也许会成为你重要的精神支柱。

有的时候，充分利用各种资源可以给你带来巨大的帮助

5

住一天酒店，和患者保持距离，这对患者也有好处

 当你觉得累的时候，可以和患者保持一定的物理距离

长久的支持自己的至亲之人，并不是一件容易的事情。

你越是想要尽心尽力地和患者相处，就越容易产生一些心理负担，比如，"我必须要好好照顾他""我必须好好活着"。越是想做得更好，就越是会过度付出，最后累得筋疲力尽。

一开始你还能努力坚持几天，但时间长了，总有一天你会到达临界点。

这时，对家人的不满情绪在你的心中滋长，并最终化为怒火爆发出来：自己明明已经这么努力，明明已经如此迁就对方，对方就是不能理解自己的感受。

　　有时候，你会变得过度保护或者过度干涉，或者向他们宣泄情绪，伤害到患上抑郁症的家人。

　　如果你感到自己的弦绷得太紧，或者已经疲惫不堪，那就尽量和患者保持一定的物理距离。

　　例如，你可以在酒店过夜，转换一下心情，或者请人照顾患者一天（哪怕是几个小时），自己外出散散心。又或者，你可以去自己喜欢的咖啡馆和朋友聊聊天，去公园或图书馆看看书，去大澡堂舒舒服服地泡个澡，去海边或者河边发呆，去美容院或按摩店放松身心，等等。这些完全属于你自己自由支配的时间，会帮助你减轻压力。

　　如果你无法保持身体上的距离，你也可以尝试建立一种精神上的距离。比如，听音乐，看电影，刷视频，专心做饭，打游戏，等等。当你能够沉浸在做自己喜欢的事情时，就可以暂时摆脱对患者的担忧。

当你感到轻松时，你的家人也会放松

　　一旦你筋疲力尽，进入到了二级疲劳阶段，那么对方的一举一动都会给你带来双倍的打击和伤害，你也需要花

上成倍的时间来恢复。

对方也会因为自己伤害了你而产生 2 ~ 3 倍的罪恶感，因担心自己被抛弃而产生 2 ~ 3 倍的不安，从而消耗了能量。

而如果你感到轻松，没有过度累积疲劳，你的家人也会感到轻松。

要做到这一点，除了保持距离以外，你还要明白自己不是一个人在战斗，有很多人正在支持和帮助着你。

为了给家人提供支持，
去找到适合你自己的
减压方式吧

6 了解可提供咨询的专业人士（心理咨询师、保健师和心理健康社工）

 事先了解各类专家以及向他们求助的方法

在遇到紧要关头时，去寻求专业人士的帮助是一种很好的方法。

在这一节，我们将分别介绍心理咨询师、保健师和心理健康社工这三种专家类型，以及他们分别提供什么样的帮助。

正如之前反复强调的那样，长期照看家人并不是一件容易的事情。

为了保护你自己，你需要知道那些能够提供咨询服务和帮助的专业人士。

心理咨询师提供什么样的帮助？

心理咨询师是心理方面的专家，他们会站在对方的角度去倾听咨询者的烦恼，帮助咨询者独立地解决眼前的问题，并且提供必要的建议。

心理咨询师的专业领域十分广泛，有些会在心理咨询中通过倾听或者谈话治疗的方式帮助咨询者解决烦恼，有些则是采用心理疗法。

心理咨询师的资格认证包括日本国家认证的公认心理师，以及民间认证的临床心理士、产业心理咨询师，等等。如果是抑郁患者本人接受治疗，或者看护者希望能咨询有关抑郁护理的问题，最好还是找一位在抑郁症治疗领域有丰富经验的心理咨询师。

尤其是本书中提到的，如何应对抑郁状态，以及能够在患者回归职场前给出专业建议的心理咨询师并不多。此外，在和抑郁患者进行沟通时，也需要一定的特殊技巧。

如果想要获得这些方面的帮助，你可以向学习过心理救援协会 MC3（Message Control based Crisis Counseling）项目并取得相应资格的咨询师寻求帮助。

当你自己去咨询的时候，你可能一方面想要帮助患者，另一方面也有一些破罐子破摔的想法，比如自己已经受够了，不想再继续了，结果怎样都无所谓了。如果你独自一人将这些消极的念头埋在心里，就会很容易被自责压垮。

但是如果有一个机会，在谈话不被泄露的情况下，你可以把自己的所有想法向第三者倾诉，并且不会被他人否定，相信你一定会感到轻松许多。心理咨询师最大的特点是保护客户秘密，不加任何否定地倾听咨询者的想法。

 ## 保健师（国家资格）提供什么样的帮助？

保健师是医疗方面的专家，同时拥有护士资格，可以通过保健指导来帮助人们预防疾病，保持健康。

保健师的工作特点是守护广大群众的健康，主要在市町村的基层保健中心或者保健所工作。

保健所和保健中心提供广泛的咨询服务，包括心理健康、保健、医疗、福利政策、未接受治疗或治疗中断患者的就诊咨询、青春期和自闭问题，以及酒精、药物依赖的家庭咨询，等等。在抗击新冠肺炎的时候，保健所和保健中心发挥了重要作用。

你可以通过预约，与保健师面对面交流，或者请他们上门咨询。

此外，每一位保健师都有自己负责的地区，通常会由现居住地的保健师为你提供咨询服务。

保健师，类似于我国公卫护士岗位。公共卫生护士（简称公卫护士）起源于英国，最初由女性负责社区的护理、健康教育和社会工作。

目前，公卫护士主要负责：1. 社区卫生服务站慢性病管理、建立健康档案；2. 办理健康体检；3. 健康宣教与防治；4. 随访及预防保健等工作。

心理健康社工（国家资格）提供什么样的帮助？

心理健康社工的主要工作是，在精神疾病患者出院后，持续提供支援，帮助患者重返社会。基本上，心理健康社工会帮助患有精神问题的人解决问题，也就是提供一些有关使用当地机构、回归社会的咨询服务，协助他们参与社会生活。

心理健康社工的工作地点为医疗机构、地方政府、保健所、心理健康社工中心、心理事务所，等等。但咨询服务最好还是选择在心理健康社工中心进行。这是因为，心理健康社工中心会针对有关心理疾病的烦恼咨询给出建议，提供医疗机构和支援机构的信息，并开展精神科日间护理等项目。

不同心理健康社工的规模不尽相同，但通常情况下，工作人员除了心理健康社工之外，还包括医生、临床心理士等专家，他们可以为患者以及家人、身边亲友提供多种咨询服务。

7

如果患者在任何情况下都显得很平静，你应该注意什么？

 患非典型抑郁症的风险

你是否听说过"非典型抑郁症"这种疾病？

几年前也叫"新型抑郁症"，但随着诊断标准的更新，现在临床上称之为"非典型抑郁症"。

尽管被称为"新型"，但这不是一种最近才出现的"新类型的抑郁症"，只是人们将一种由来已久的抑郁症划分为一个新的类别。

非典型抑郁症的病因基本上还是能量下降，但其表现出来的症状与一般抑郁症有所不同，它更加难以被发觉，也更容易被人误解。也有人将它称为"青年型抑郁""现代型抑郁"等。

通常情况下，抑郁的症状较为明显，患者会对原本喜欢的事物丧失兴趣，变得无精打采，**而非典型抑郁症的患者依旧可以全身心地投入到兴趣爱好中。**

从身体状况来看，典型抑郁症患者会有睡眠障碍或者食欲下降等表现，而非典型抑郁症患者则倾向于能够正常睡眠和饮食。在我们的三阶段模型中，非典型抑郁症的患者处于抑郁状态的第二阶段，即"没有明显的身体症状，只有情绪（波浪）差的时候才会出现显著的精神症状"。

特别是许多年轻人，总是在外表上伪装得很好，实际上一直在默默地承受抑郁的第二阶段。

非典型抑郁症患者在没有陷入情绪低潮时，几乎不会表现出任何症状，看上去与普通人无异，因此周围的人会认为他们是在说谎、渴望关心或是偷懒。

此外，非典型抑郁症患者并不会责备自己，更多的是对他人和社会产生不满，经常埋怨他人，这让他们看起来非常任性无理。事实上，这一症状更多反映社会价值观的变化，而非抑郁症的本质。

和典型抑郁症不同，人们往往认为非典型抑郁症看上去没有那么痛苦，但实际上并非如此。

有时候，非典型抑郁症患者会出现体重增加、对任何事物都感到麻烦、对人际关系过度敏感和不安、突然流泪或发脾气的倾向。

我们希望读者们能理够解，他们并非渴望关注，而是生病了。如果连自己都没有察觉，就建议他们去医院就诊或向专业人士寻求帮助吧。

 如果你仍然认为他们在偷懒

就算你已经对患者经受的痛苦和抑郁症有了一定了解，可是当你和他们生活在同一个屋檐下时，有时未免还是会觉得"他（她）是在逃避现实"，或者认为"他（她）明明可以再努力一点""现在必须对他（她）更严格一点"。

但是，当患者听到这些话时，大部分患者对于实际上已经成为麻烦制造者的自己会产生强烈的无力感和负罪感，为尽快回到更加健康充实的生活而感到焦虑。

二级疲劳下会感受到双倍负担，三级疲劳下会感受到三倍负担。

一级疲劳　　　　　　二级疲劳　　　　　　　三级疲劳
（一倍模式）　　　　（双倍模式）　　　　　（三倍模式）

如果你认为患者看上去是在偷懒，那么请回想一下这句话：

当人们不得不忍受去做一件事，或者被迫去做某件不喜欢的事时，会比做自己喜欢的事情耗费更大的精力，于是会无意识地回避去做，这些在外人看来就像是在偷懒。

为了让读者们更好理解，我们把**二级疲劳阶段比喻成一只脚站立，三级疲劳阶段在此基础上蒙上了双眼**。

如果你在正常状态下（一级疲劳），要从 10 米开外的水管引水，给房间里的绿植浇水，你一定会迅速完成这件事情。

但假如你只有一条腿站立，你可能会想，要不算了吧；如果你连眼睛都被蒙上了的话，你就会觉得这件事情实在太难了，还是请别人来做吧。

请尽可能设身处地地想象患者所经历的困难，这种方法可以让你心平气和地向至亲之人伸出援助之手。

专栏： 借助心理咨询师的力量，
学会与医疗和药物相处

医师负责治病，咨询师负责倾听

我们经常会听到咨询者说："想换家医院。"

他们其实只是想更换主治医生，但这种情况下，如果在同一家医院继续治疗，日后不免尴尬，于是他们便决定换一家医院治疗。至于为何要换主治医生，大部分人的回答都是："主治医生不愿意倾听我说话。"

医生只有在初诊时才会多听患者讲话。

初次诊断时，医生会仔细地聆听患者的描述以把握患者的状况。医生们会花很多时间去询问患者"这种状态是什么时候开始的？由什么引起的？""在这期间每天都是怎么过的？""现在身体和精神上的痛苦到了哪种程度？"等等。之所以这么问，是因为医生要按照患者的描述做出诊断，并决定治疗方案。

但在复诊之后，医生的主要目的变成了确认药物的疗效和症状变化，因此诊断时间会缩短，医生也不会再去倾听患者在生活中遭遇的痛苦和不安。

医生的医术越好（开出的药方效果越好），来看病的人就越多，诊断时间也更容易缩短。这样一来，患者就会产生一种"医生不想听我说话""我和这个医生不太合得来"的念头，希望换一位主治医生。

可是换了新的医院（或主治医生）后，很快又会出现相似的情况。

不仅如此，患者在开始药物治疗后，病情才刚刚开始稳定下来，这时更换治疗方案和药物，症状就又会出现波动，让患者再次有了转院的想法。

为了避免这种在"逛医生（Doctor Shopping）"后一无所获的情况，患者可以询问医生与治疗相关的疑虑，比如症状的变化、药物副作用等，而在生活中遭遇的精神痛苦则可以向心理咨询师倾诉，尽管这样的划分方式有点极端，但也是一条行之有效的途径。

世界上没有什么神奇的魔法药水

患者之所以会"逛医生"，是因为他们认为，自己一定还会遇到更好的医生。

然而在我看来，这种行为无异于"寻找魔法"。

我十分理解患者在痛苦中渴望获得魔法的心情。但遗憾的是，这个世上并不存在魔法。这个世界上既没有能用魔法治疗的医生和咨询师，也没有神奇的魔法药水。

读者们是否都相信"药到病除"这四个字？

的确，像止痛药和治疗过敏的药物，吃了很快就能感受到效果，但也有一些药物需要一段时间才能见效。数据显示，有 16% 的人在服用抗抑郁药物后 2 周以内感受到了药效，大约 40% 的人在 1~2 个月后才感受到药效，该药物的效果也是因人而异。

另一方面，这种药物产生副作用的速度却比一般人想象的要快。

要想在综合评估疗效和副作用的基础上，找出合适的药物，患者就只能亲自尝试。适合自己的药物，并不是名医直接告诉你的，而是需要你在反复试错后才能找到的。

这个过程会比你想象中的还要漫长。

有一些患者或者他们身边的人不知道这一点，当医生开的药不能立马见效、只能感受到明显的副作用时，他们就会逐渐失去对医生的信任，同时在网上搜集各种信息，宁愿相信网上的传言，也不愿去关注那些客观正确的事实。

他们会认为在网上找到的药物就是具有魔力的灵丹妙药，绞尽脑汁地想要弄到手。

日本自2014年起解除了网上销售药品的禁令。截至目前，包括药局和药妆店在内，日本有2000多个药品销售网站，销售的都是非处方药。只要在网上销售处方药品，就会被认定为非法网站。

此外，目前还有一些承包商为个人提供海外医药品代购服务，但宣传日本未承认的药物是一种违法行为，假药也可能危害患者的健康。

不管怎么说，希望读者们能够明白，在那些未曾谋面、从未听说的人（网站）那里买到的药物，比起医生在充分了解患者状况之后开出的处方药来说，适合患者的概率要低得多。

当然，将自己买来的药转手卖给别人也是违法的，因此当你不需要再改善症状时，请将药物交给开具处方的医疗机构或药局处理，或者向他们咨询处理方法。

如何看待新疗法

迄今为止，人们已经发明了许多治疗抑郁症的方法，其中磁刺激疗法是近年来发展起来的一种新型的治疗手段。所谓的磁刺激疗法，就是利用电磁场来激活大脑的特定部位，使脑血流量增加，从而达到恢复身体功能的目的。这种疗法诞生于美国，又叫 TMS 疗法或者经颅磁刺激技术。

日本有些医疗机构也在实施 TMS 疗法，是一种自费项目。不过我们在接受这种新的治疗方式时，必须要明白一些要点。

过去，我们目睹了太多疗法在刚被推出时兴盛一时，但过了一段时间后热潮很快就消退了。

很遗憾，治疗方法中也没有蕴藏着魔法。

　　正如前文所述，现代发生的抑郁症主要由疲劳引起。当患者觉得"通过某种治疗，抑郁症一下子治好了"的时候，这往往只是一种主观的感受，实际上是因为该疗法暂时缓解了患者的痛苦。在一些患者通过治疗得到持续性改善的案例中，大多数也只是因为压力碰巧在那个时间点减少，体力恢复了，症状才逐渐好转。

　　这并不代表我们认为新疗法就是无效的，我们也对医学的发展充满了期待。但在目前的情况下，如果人们一味地相信新疗法和网络上的评价，想要去寻找魔法，那么一直以来辛苦接受的治疗就无法取得预期效果，最后反而会带来巨大的沮丧。所以，希望读者们能抱着"这个方法有效，就太幸运了"的轻松心态去尝试新的治疗方法，同时要重视治疗抑郁的"王道"——疲劳护理。

第 5 章

做好持久战的准备

"莫名其妙的疲劳感"就是一种精神疲劳

 只有持久战才能带来的启示

抑郁症的恢复是一场长期的斗争。在此期间，患者必须始终控制好自身的疲劳感。

不过，从另一个角度来看，抑郁症的恢复阶段——"康复期"也是一个非常宝贵的机会，让患者可以回顾总结自己患上抑郁症的原因，并调整自己的价值观和思维方式，防止今后发生同样的情况。

在本章中，我们将介绍一些只有持久战才能带来的启示，包括预防抑郁，等等。

 你知道自己为什么会感到疲劳吗？

本章不仅仅针对抑郁症患者本人，也尤其希望照顾患者的您对照自身的情况来阅读。这是由于，许多照顾抑郁症患者的家属由于在看护时耗费了大量精力，最后自己也得了抑郁。

抑郁症支援是一件非常耗费精力的事情，毕竟没有人会想要失去至亲。

在患者失眠的时候，照顾他们的家人也常常难以入睡。抑郁的恢复时间往往又以年为单位，因此照顾患者就成了一场消耗战。

在这段时间里，你会积攒各种各样的情绪：尝尽一切方法都无法使患者的症状好转（无力感）；身为父母却完全不懂如何养育孩子，完全不懂如何照顾患者（自责）；担心病情一直不见好转（不安）……

这样的环境不仅会消耗能量，甚至有可能让照顾患者的家属也陷入抑郁状态。

然而，家属们却常常将全部精力都投入到患者身上，而忽视了自己。现在，请你回顾自身，确认一下自己的状态。

例如，你在一次远足中连续攀登了 5 个小时，回到家后感到腰酸背痛，累得不行。更糟糕的是，你还必须要处理完一份文件，所以不得不熬夜工作。到了第二天早上，你感到两眼昏花，肩膀和脖颈酸痛不已，脑袋发昏，根本就没有办法集中精神。

这些疲劳都来自于肉体疲劳和大脑疲劳，其原因显而易见。

然而，你是否遇到过另一种情况？明明没做什么体力劳动，工作也不是很忙，但就是感觉身体乏力，白天总是控制不住地打瞌睡，做什么都感觉麻烦，即使有些事情必须去做，但就是提不起精神。

这种原因不明的疲劳感其实是一种精神疲劳，主要包括情感疲劳，等等。

精神疲劳正在悄悄袭来

精神疲劳主要是由脑力劳动和情感劳动而消耗能量所引起的疲劳。

精神疲劳和肉体疲劳的不同之处在于，前者难以被觉察。

当身体做了大量的体力活动时，人的肌肉和整个身体都会感到疲惫，这个时候可以选择停止活动。然而，**精神疲劳很难让人感受到一种明显的疲劳信号，因此人们很容易错过停止活动的机会。**

此外，人们在面对忙碌或者轻微的压力时，出于各种顾虑，往往会勉强自己撑下去，比如，"别人也一样这么忙""只有我一个人说丧气话是不行的"。

这就像是如果你强行去扯一块布，布就会裂开，如果你硬要穿上一双尺码小的鞋，鞋就会磨脚。明明知道不能勉强自己，但很多人还是选择了强撑，一直忍受着忙碌和些许的压力。

除此之外，有不少人即使感觉到了有些勉强也仍然选择继续手头的事情，比如想要再努力一点去克服眼前的困难，或者担心要是自己遇到这么点事就示弱，今后恐怕一事无成。

这种强撑和忍耐不仅会消耗能量，加重一个人的精神疲劳，还会导致睡眠时间减少，阻碍疲劳恢复。等本人察觉到的时候，自己已经陷入了二级疲劳阶段（双倍模式）。

这种主要由精神疲劳引起的能量消耗，正如刚才所提到的那样，具有"不易被察觉"的特点，有时人们会用"隐性疲劳"来专门形容这种情况。

　　隐性的意思是，它会在你意识不到的时候悄悄来临。

2 用生命事件的压力评分表对抑郁进行预测

 什么是生命事件的压力评分表?

精神疲劳总是会因为一些在不经意间到来的"隐性疲劳"而不断加剧。为了掌握精神疲劳的情况,在此我们将介绍一个在心理咨询工作中常用的工具。

我们的一生会经历许多事件,比如,结婚、生子、上学、工作,等等。既有喜事,也有离婚、生病、纠纷、生离死别等悲伤痛苦的事情。

我们将这些事情统称为"生命事件(Life Event)"。给生命事件带来的压力强度赋予分值,比如丧偶 100 分,离婚 75 分,就形成了这张"压力评分表"。

你可以根据这份表格,将最近一年内你经历的事件的分数相加,通过总分就可以预测接下来的一年里出现身体不适的可能性。具体而言，150 分以下出现身体不适的概率为 30%，150～300 分为 50%，超过 300 分则为 80%。

需要注意的是，结婚、升迁（责任的变化）、个人成功等一些<u>值得高兴的事情</u>，同样会给你带来压力。

生命事件的压力评分表

100	配偶去世	38	家庭收入减少	23	与领导不和
73	离婚	37	好友去世	20	工作环境变化
65	分居	36	跳槽	20	搬家
63	坐牢	35	夫妻吵架增多	20	转学
63	近亲去世	31	负债 5 万元以上	19	兴趣改变
53	伤病	30	存款减少	19	宗教信仰改变
50	结婚	29	工作职责改变	18	社会活动变化
47	失业	29	子女独立	17	负债 5 万元以内
45	离婚调解	29	与亲戚发生纠纷	16	睡眠状况改变
44	家人遭遇伤病	28	取得个人成功	15	同居人变化
40	怀孕	26	配偶上班 / 离职	15	饮食习惯改变
39	性功能障碍	26	入学 / 毕业	13	长假
39	增添家庭成员	25	生活节奏改变	12	圣诞节
39	新工作	24	习惯改变	11	轻度违法

总分 150 分以下：30%，150～300 分：50%，300 分以上：80%

霍尔姆斯和拉赫，1968

在过去一年里，你的压力总分是多少？

去年，你的压力总分是多少？

最亲近的人生病（家人遭遇伤病：44分），你申请了停职，家庭收入随之减少（家庭收入减少：38分），于是你很有可能要做更多的工作（工作职责改变：29分；工作环境变化：20分）。

你不得不改变一直以来的生活节奏（生活节奏改变：25分）和习惯（习惯改变：24分），饮食（饮食习惯改变：15分）和睡眠习惯（睡眠状况改变：16分）有可能也随之发生变化。

单从这些来看，总分就已经有了211分，今年你有50%的概率会出现身体不适。

除此之外，还有其他项目也可能符合你的情况，因此相信有不少读者的总分都在300分以上。

我们自身很难察觉到隐性疲劳的存在，但是通过这张表格回顾过去的生活，就可以在某种程度上预测它的发生概率。

建议读者们检查一下自身的压力状况，如果超过了150 分，就要注意及时调整自己的工作节奏，或者好好休息一段时间，来减轻积攒的压力（累积疲劳）。

此外，当你陷入抑郁状态时，这张表格也可以帮助你找到自己能量耗尽的原因。

当抑郁症患者有了足够的精力，想要重新思考自己的病因时，就可以参照这个表格中列出的事件，并对照病情记录表进行复盘。如果读者们理解了疲劳是导致状态低落的原因，就能逐渐想到一些预防措施。

 环境改变会加重疲劳

患上抑郁症后，人们会试图转换心情，或者想办法一下子扭转现状。剪头发这种程度的改变当然是可以接受的，但有不少患者会想要创业、换工作或者离婚。

遇到这种情况，我们心理咨询师会比较慎重地提供支援。

创业、换工作（转校）、调换工作地点、搬家、离婚，这些事情有什么相同之处？

没错，这些事情都意味着**环境将发生巨大改变**。下面就让我们来看看调换工作地点的案例。

首先，从确定调换工作地点到实际调动之前，都会发生哪些事情？

你需要收拾好一直使用的办公桌和储物柜，根据工作岗位的需要，不仅要和公司的内部成员打好招呼，有时还需要问候客户。你还需要去政府部门办理转出、转入手续。除此之外，还有水、电、燃气的签约变更以及快递转运手续等各种事项。如果你是租房住，那么在退房时还要去现场参与退房检查。

以上所有事项都是和工作同时进行的，这会让你在进入新的环境前就已经筋疲力尽。

历经千辛万苦后，你终于来到了新的职场。

这时，新的困难接踵而至。以前你根本不用考虑每天的通勤，但现在，路线、交通方式和所需时间都发生了变化。你要花很多精力来习惯新的日常上下班过程。

你身边的人际关系也发生了巨大的变化。当来到一个新的工作环境时，你需要留心去了解身边人的性格特点，反之也需要注意自己在对方眼里的形象。

以上我们具体想象了转岗搬家时的情形，如果是创业的话，筹措资金等事项更是令人心力交瘁。

即便是一些每个人都有可能经历的生命事件，也是非常耗费能量的。请读者们再次回想一下生命事件压力评分表。

患上抑郁症后，人们通常会渴望改变环境。从原则上来说，基本上在恢复到一级疲劳阶段之前，或者至少在恢复到二级疲劳阶段以上之前，我们建议还是将这些想法暂时放一放。

即便如此，如果你还是不得不去做这些事，就去寻找一位帮手吧。希望你能明白，在每一个事件完成后，疲劳状态还会存续一段时间，所以我们建议你一定要好好休息。

3 失眠是唯一不会说谎的抑郁征兆

 你能睡着吗？

检查隐性疲劳最有效的方法就是查看睡眠状况。

日本内阁于 2010 年开展了一项"睡眠运动"，它的口号是"爸，你睡着了吗？"

本书第 30 页介绍了一些抑郁症状，其中有很多症状，只要本人想忽略的话就是可以忽略的，但对很多人来说，睡眠问题带来的痛苦相对来说要真切得多。

我们在做心理咨询的时候，即使已经感觉到了咨询者的疲劳，也还是会在倾听完他们的经历后问一句："你最近睡得好吗？"

失眠的特点

☑ 入睡时间比以往要长

☑ 夜里会多次醒来

☑ 比以前更早醒来，之后再也睡不着了

☑ 近期睡眠变浅，并且睡不踏实

☑ 睡眠质量差，导致心情低落，焦躁不安

☑ 睡眠质量差，导致注意力、集中力和记忆力下降，对工作、学习、家务等日常生活造成影响

☑ 睡眠质量差，导致白天困得不得了

☑ 睡眠质量差，导致身体出现不适，例如头疼、肩膀酸痛、肠胃疼痛等

☑ 睡眠质量差，导致自己很在意或担心睡眠问题

☑ 睡眠质量差，导致容易感到疲劳，总是无精打采

这个时候，大部分咨询者都会意识到失眠的痛苦，"入睡困难"或者"睡眠很浅，经常睡一会儿就醒了"。而另外一些人则接受了失眠的事实，他们会回答："以前我就只睡四五个小时，没什么变化。"

如果你能够察觉到自己失眠了，那么请有意识地多睡一会儿吧。另外，也要减少工作及其他活动，将生活习惯调整到消除疲劳的模式。

如果你不能察觉到自己的失眠，那么请根据上面的表

格进行检查。符合三项以上，就代表你的失眠比较严重了。

除此之外，你还可以对比一下之前的睡眠情况，这也是一种有效的方法。你可以回想一下自己之前精神状态不错时候的睡眠，比较一下就寝时间、入睡情况、睡眠深浅、早晨醒来时的身心感受、白天是否会犯困、有没有精神，等等。

举个例子，有人说："我从钻进被窝到起床经过了8个小时，我睡得很好。"但这其实都是他自己的想法，如果仔细回顾一下睡眠情况，很有可能做梦的时间比以前增加，夜里上厕所的次数变多，其实睡眠质量并不好。

如果你还没有意识到自己有失眠的情况，但你的身体却莫名其妙地不舒服，那也请你先多睡一会儿觉。很多人在这么做之后，身体的不适都会好转很多，直到这个时候他们才发现，原来自己一直处于睡眠不足的状态。

制定一个小的目标：确保8个小时的睡眠

或许很多人都希望有充足的睡眠，或是认为需要确保充足的睡眠。

在电视、书籍和网络上，都有各种各样关于提高睡眠质量的方法和知识，但是有不少人在照着这些方法实践后，结果反而睡不着了……

人们会在意自己的睡眠质量、睡眠规律、睡眠时间，等等，**大致上来说，睡眠时间应该是 8 个小时，这个程度是最好的。**

话虽如此，有的人随着年龄的增长，就睡不了 8 小时了。

事实上，不管我们再怎么努力不睡觉，也总会在某一个时间睡着，换句话说，人一定会确保必要的睡眠，因此我们不必过度在意睡眠不足。**只要第二天能够精力充沛地开展活动，现在的睡眠就没什么问题。**

但是，一旦你开始感觉到身体不舒服，就请尝试一个**大的原则：比平时多睡 1 小时，或者保证 8 小时以上的睡眠。**

4 随着年龄的增长，疲劳越来越难以恢复

随着年龄的增长，人体内的能量减少，而维持人体活动所需的能量消耗增加

中医认为，气、血、水这三种要素在人体内不断循环，相互平衡，人就可以保持健康。

其中，"气"指的是人体内的能量，即"气力""元气"等。它的形态如同巨大的气球或瑜伽球，因此被称为"能量球"。

每个人的能量球大小不同。充满活力的人，能量球就大；拘谨沉稳的人，能量球则小一些。不过，无论是什么样的人，他们的能量球都有两个共同点：

- 年龄越大，能量球越小
- 年龄越大，维持身心活动所需的能量消耗就越大

年轻时，人的能量球大，而能量消耗少，因而能量充足。这时人们能够快速走出低落情绪，转换心情，能量恢复也比较快。

然而，随着年龄增长，能量球会逐渐变小，而（维持身心活动）需要消耗的能量增加，剩余能量减少，能量恢复也更加费时。

我们不妨将这种"能量"想象成手机电池（充电式电池）。

新手机的电池不仅耐用，充电速度也快。而已经使用了三年的手机，待机时间会变短，充电用时也更久，一天内需要多次充电才能维持开机状态。

人体中的能量变化与手机电池如出一辙。

 ## "35 岁危机" 的视角

那么，在我们一生中，体内的能量及其消耗情况是如何变化的呢？

30 岁以前，人的体内充满了能量。人们在生活中大部分时间只需要为自己考虑，所以消耗量并不大。

随着年龄增长，责任的增加，需要操心的事也越来越多，譬如家庭、父母，以及自身的未来，等等。与此同时，在30岁以后，人的体能必然会有所衰退，并且更容易感到疲劳。

这个分水岭出现在35～45岁。在这一阶段，人体一周的能量收支情况（即体内的能量储备和消耗量）会发生逆转。

35 岁危机

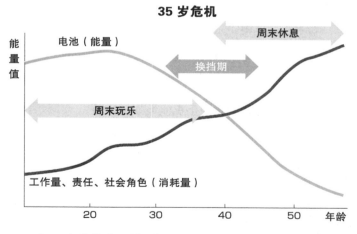

由于疲劳恢复更加费时，大多数人度过周末的方式都会自然地从"尽情享受，转换心情"，逐渐转变为"好

好休息"。但越是曾经能量充足的人，就越难以注意到这一变化，他们一味注重表面伪装，或依赖于下文中介绍的"发泄式"解压法，这样反而容易导致抑郁加重，损害身体健康。

你看护的患者年纪多大？你今年又是多少岁呢？

35～45 岁是人体能量储备与消耗变化的分水岭，人们非常容易在这一时期遭遇挫折。

5 电影、香氛、手工艺……探索治愈式的解压方法

 你是如何缓解压力的呢？

下面我们要介绍一些缓解压力的方法。之所以提及这个问题，是因为有些事情看似是一种解压方法，实际上反而会导致压力增加。

请读者们在让抑郁患者回顾自身的同时，自己也试着客观地分析自己的解压方法。

当压力累积时，我们会尝试采取一些应对措施，通常包括运动、旅行、赌博、购物、与异性交往，等等，我们将这些富有刺激性与乐趣的方式称为"发泄式"解压法。

解压方法的种类

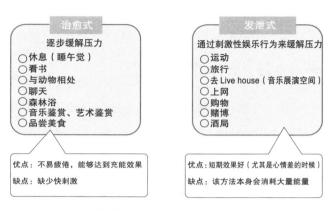

治愈式

逐步缓解压力
○休息（睡午觉）
○看书
○与动物相处
○聊天
○森林浴
○音乐鉴赏、艺术鉴赏
○品尝美食

优点：不易疲倦，能够达到充能效果
缺点：缺少快刺激

发泄式

通过刺激性娱乐行为来缓解压力
○运动
○旅行
○去 Live house（音乐展演空间）
○上网
○购物
○赌博
○酒局

优点：短期效果好（尤其是心情差的时候）
缺点：该方法本身会消耗大量能量

这种方法能够使人们获得快感，暂时忘却不安、自责、愤怒、悲伤等负面情绪，让人感到自己的假期过得十分有意义，容易获得一种充实感。

不过，发泄式的解压方法本身也会消耗许多能量。如果处于二级、三级疲劳的患者采用这种方法，事后反而会更加容易感到疲劳。

在我们 35 岁之前，仅通过发泄式方法就可以缓解压力。但 35 岁之后，则有必要掌握更加温和、能量消耗低的解压方法。

这种不易产生疲劳、温和的解压方法被称为"治愈式"解压法。

 ## 什么是"治愈式"解压法?

所谓"治愈式"解压法，就是指刺激性小、活动量低，能够达到能量恢复（或抑制能量消耗）效果的方法。

首先，确保休息时间，好好睡觉就是最有效的解压方法。

除此之外，听喜欢的音乐、芳香疗法、按摩、与动物相处也能令人放松。品尝美食、与信赖的人聊天也是不错的解压方法。

看书的话，避免选择需要注意力高度集中的书目，最好读一些轻松的、即使中途停止也没有太大影响的书籍。看电影也是同理，比起恐怖片、悬疑片、动作片这类强刺激性的电影，不如选择时长较短、轻松有趣的影片。近年来，通过观看网络视频来缓解压力的人也逐渐增加。

掌握多种"治愈式"解压方法，就能够缓解各种各

样的压力，请你找到几个适合自己的"治愈式"解压方
法吧。

去寻找几种能够应用于多种场景的"治愈式"解压法吧

6 决心休息，练习休息

 决心休息是第一道难关

"累了就休息。"

这句话你可能已经听过很多遍，或许你自己也曾经说过。

然而，休息并非易事。

抑郁患者应该反思，为何自己在需要休息时没能好好休息呢？同时，你作为抑郁患者的依靠，现在也可能正处于需要休息的时刻。

"想休息，但怎么都休息不了""虽然辛苦些，但自己做总比交给别人好"。如果你有这样的想法，说明你可能已经处于二级疲劳阶段了。

在一级疲劳阶段，人在精神尚佳时还能够意识到疲惫时就该休息。而发展到二级、三级疲劳后，人的思考方式则更加消极，变得瞻前顾后而感到不安，出于自责或社交恐惧而无法依靠他人。并且，请求他人帮助也会使患者产生极大的心理负担。

这些无法休息的人往往平时就非常勤奋，他们以往都是通过忍耐克服了种种困苦。有精神时还能撑下去，可一旦进入二级疲劳阶段，即便已经需要休息，他们还是会觉得"忍忍就过去了"。

特别是在工作中，由于休息会刺激到 4 种抑郁情绪，人们更容易对休息产生强烈的抵触心理。而继续工作的结果就是疲劳加深、工作失误，以至于失去自信，陷入恶性循环。

抑郁的成因并非脆弱，而是疲劳。因此通过休养便能够恢复。

失眠、食欲不振、忙得团团转却频频出错、还没感觉到累，身体却已经频繁出问题……当出现此类症状时，就该是下定决心好好休息了。

休息是需要练习的

许多患者都有这样的情况：听从医生的建议，已经决定暂离职场，也准备好了适合休养的环境，可真正开始养病后却感觉怎么也休息不好。

首先我们要明白，患上抑郁症后很难好好休息的现象（症状）十分正常。因此，我们在健康的时候就需要学习如何休息，如果在健康状态下都休息不好，那么抑郁后再想休息只会难上加难。

造成休息困难的原因主要有两个：一是精神过于紧张；二是没有掌握休息的方法。

习惯于通过努力来克服困难的人，在休息时也会觉得"只要（独自）努力就能做到"。比如那些通过吸烟喝酒、游戏赌博、购物运动等方式缓解压力的人，就会用同样的方法"努力"休息。可这种方法在带来快乐的同时，也会消耗能量，加深疲劳。

此外，对于那些没有掌握休息方法的人而言，即便告诉他们只需好好休息、悠闲度日，他们也会因此感到罪恶和焦虑，变得更加痛苦。

"休息"原本是一个重要的治愈式解压方法，但他们却对此怀着罪恶感，也无法习惯休息。

对于这样的人来说，要有"练习休息方法"的意识。

练习休息方法有两个要点：一是学会依靠他人；二是学会度过没有意义的时光。

 尝试依赖他人

首先，我们希望你在状态良好的时候练习向他人倾诉自己的弱点。

有调查显示，超过 90% 的人认为自己只要向他人倾诉就能感到轻松。"聊天又不能解决问题，别人也无法代替自己。"这种说法多少有点钻牛角尖了。

与人交谈能够让你平复情绪，尤其能减轻第三种无力感。

当情绪稳定时，人才能够客观地看待周围的事物，有逻辑地处理问题。

而一旦陷入抑郁状态，人就会变得判若两人。独自思考只会使自己陷入烦恼的旋涡之中。所以请尽早向他人倾诉，去借助别人或组织的力量吧。

陷入抑郁状态就意味着人正处于生病状态，这是一种紧急情况。患者需要接受他人的帮助，而非执拗地孤军奋战。

然而，如果患者在生病前从未接受过他人的帮助，他们的自责感与社交恐惧越强烈，就越难向人寻求支援。

作为患者的家人，你会依赖他人吗？

鼓起勇气，去向他人倾诉，去接受他人的帮助吧！

度过一段非连续、无产出的时光

如果你为自己争取到了一段休息的时光，那么在刚开始休息时，保证睡眠十分重要。

无论是在清晨、上午还是夜晚都可以，只需要在你感到困倦时睡觉即可。

但是，当这段"睡眠优先"的时期过去后，许多人都会突然发现自己不知道一天该怎么过。

案例：销售工程师 F（30 岁，男性）

　　F 工作严谨，办事有条不紊，深受顾客信赖。他的职业是销售工程师，经常出差，每次出差少则两周，多则一个月。

　　但是，受婚姻破裂、照顾父母以及职务变动影响，在上一份工作积累的疲劳和工作环境变化等一系列压力下，F 患上了抑郁症，申请了停职。

　　在停职两周后进行的一次心理咨询中，F 向我讲述了他的一天是如何度过的。头三天他睡得昏天黑地，连自己都觉得这样下去不行。于是从第四天起，他就每天早上 7 点起床，看报纸、做早饭。上午打扫卫生、洗衣服，下午则是修整庭院。得空还会去看望父母、复习资格证考试。至于睡眠时间，他则表示自己每天都保证睡够 6 小时，但是睡眠很浅。很显然，这样的生活并不能够减轻他的疲劳。

　　越是像 F 这种勤勉刻苦的人，即使在休养阶段，就越是会觉得自己应该有规律地生活，度过充实的时光。

我们建议 F 首先保证每天睡够 8 小时，并针对他的日程安排进行了具体指导。我们尊重 F 想过上规律且充实的生活的意愿，并尝试去提高他的休息质量。

具体而言，我们首先整理了 F 每天的固定安排。这是因为如果没有一个固定计划，他就会坐立不安。但是，这些事项没有严格的时间限制，可以随时中止，具体内容仅包括治愈式解压法以及一些低强度的运动。此外，长时间在同一场所做同一件事会使人感到厌烦，所以我们还对时间和场地进行了细致划分，制作了每天的日程表。

我们委托 F 的姐姐帮忙完成家务和看护父母。F 表示不好意思开口麻烦姐姐帮忙做家务，因此由心理咨询师向 F 的姐姐说明了他的病情，请她帮忙分担了这些工作。F 向来独立，这次总算体验了一回依赖他人。

通过落实这些日常计划，F 的病情顺利好转。

在健康且有余力的情况下练习如何休息

与其像 F 那样在濒临极限的状态下学会休息，不如在身体尚佳时提前练习。

实际上，休息也有一些小窍门。接下来为大家介绍 3
个休息技巧。

第一，给假期留出余白，不安排重要活动。

比如，给假期留出 3 个小时，在这段时间里遵从自己
的内心欲望，只做喜欢的事。想看视频就看，不想看就关
掉，想运动就运动……尝试度过一段这种没有规划和产出
的时光。

在这段时间里，你可以进行一些疗愈的活动，例如，
写作、绘画、拍照、散步、瑜伽、做饭、打游戏、拍视频、
编程，等等。这些事情能够按照自己的节奏推进、无需消
耗能量，还能带来小小的成就感与满足感，非常值得一试。

第二，进行思维训练，不要因为没有规划和产出而产生罪恶感。

是否快乐充实、是否有所作为、是否有所成长……我们很容易从这种角度去衡量自己的时光。不如换一个角度，回顾过去的这段时间有没有好好给身体充电，有没有过度消耗能量。

第三，无论你在做什么（工作、解压活动、谈话还是交往），练习暂停这些事情。

这里的"暂停"是指停下来休息。当我们暂停做一件事时，不要为自己没能坚持下去而感到自责，而要夸奖自己能够干净利落地暂停并好好休息，充分做到了重视能量储备。

"能够好好休息已经很棒了！"养成一个夸奖自己的好习惯吧

7 改变思维与视角

 消除造成思维偏差的根源

患上抑郁症的人，在四个病源（自责感、无力感、不安感、负担感）方面存在巨大的思维偏差。

尤其是那些原本就自信心不足、容易自责的人，稍有疲劳便会产生消极想法："我昨天请假休息了，别人会怎么想我呢？他们肯定觉得我没有能力、缺乏责任心吧。"

在二级疲劳阶段，人的理性还能正常运作。所以，在疲劳加剧之前，我们应该多做一些日常训练来保证自己对事物产生合理的反应（不过度），要让理性如刹车一般，阻止大脑产生过度的自责感、无力感、不安感等情绪。

下面，我们将介绍两个可以在精神状态良好的时候做的练习。

发现 30 处美好

人生中每天都有起伏。

即使在状态极佳时，我们也难免去关注那些令人厌烦的、消极负面的东西。所以我们要有意识地练习发现事物的优点。

比如，生活中难免会遇上雨天却不得不出门的情况。许多人会因此感到郁闷和烦躁。但若我们有意识地寻找它的优点，就能发现意外的美好。

雨后的树叶青翠欲滴、空气中的尘土也被尽数洗涤、明天一定是个好天，说不定能够一眼望到富士山……无论多么微不足道，去寻找那些令人喜悦、令人赞叹、令人期待的美好吧！

即使这一天没有什么好消息，也请你试着肯定自己："我努力度过了这一天，我真棒！"

不要小瞧这些微不足道的事情，只要能够让你感到快乐，就算是有点牵强也没关系，尝试数一数生活中的美好吧。

刚开始练习时，你可以先尝试发现 10 处美好。最终目标是在 1 分钟内找到 30 处。

随着练习次数的增加，我们就能够自然而然地以积极的态度看待事物。定一个目标，努力找到 400 处美好吧！

 7:3 平衡法

当疲劳累积时，人就容易陷入负面情绪，总觉得"只有自己没努力（自责、无力感、不安）""自己不够勤奋，一无是处（自责、无力感）""不做些什么就会被他人抛弃（无力感、自责、不安、负担）"，为了克服这四种抑郁情绪，我们总会用力过度。

然而这么做反而会给自己过度增加负荷，即使一时克服了消极情绪，第二天又会再度陷入疲劳和沮丧之中。

为了避免这样极端的思维和行为方式，我们需要掌握"7:3 平衡法"。

所谓"7:3 平衡"，就是以 7:3 的思维方式来看待各种问题。换句话说，就是要练习如何避免 10:0 的极端思维。

比如，面对问题不要总想着竭尽全力去解决，而是用7成能量保留3成。假如突然有必须完成的紧急任务，或是家人需要帮助，这3成的能量就有了用武之地。

此外，无论当天状态好坏，都只使用7成的能量即可。养成这种思维习惯，便能保持能量平衡。

对自身行为的评价，也可以采用7:3平衡法。人们对自己的评价总是倾向于负面，即使做得不错、成果颇丰，也总觉得自己一无是处，这就陷入了10:0的极端思维。

不过，一味地肯定自己的优点也会让他人敬而远之，这时就要用7:3平衡法来评价自我。

找出自己的7分优点，3分不足，这样一来便能充分肯定自己的成就，减轻失落感。

前文提到的"暂停练习"亦然。能成功暂停活动、好好休息，对自己的肯定占7成，中途停止总会有些遗憾，对此的负面评价则占3成。如果强迫自己无视这些遗憾，反倒自相矛盾，难以说服自己。

在调整思维方式时，7:3平衡法非常有效。

不过，无论是"发现美好"还是"7:3平衡法"，都只是一种训练方法。就像感冒时运动的效果不好一样，如果你已经超过了二级疲劳阶段，这些训练就不再有效，反而会令自己失去自信。

　　因此，请务必在精神状态良好的一级疲劳阶段练习这些方法。

8 病情记录表

病情记录表

陷入抑郁状态后，患者本人往往不知道自己为何会陷入抑郁，也不清楚自己处于哪一阶段、今后应该怎样去恢复，以及还需要多少时间才能康复。

将患者的经历通过时间轴实现可视化，对于病情恢复很有帮助。通过这种方式，我们能够了解患者的现状和病因，为今后的治疗指明方向，也能够让患者及其身边的亲朋好友安心。

这种工具就是"病情记录表"。

怎样填写病情记录表

病情记录表中记载着患者在何时经历了什么事件。比如，某位病患在 1 年前换了工作，3 个月后开始负责公司的新项目，连续一个月每天加班 4 ~ 5 小时，6 个月前搬了新家，通勤时间从 30 分钟增加至 1 小时，等等。我们将这些可能会造成疲劳的事项分为工作和生活两部分，按照时间顺序记录在册。

此外，我们还会记录 5+5 抑郁症状的开始和持续时间，以及症状的轻重变化。

最后，为了使身体能量变化情况可视化，还会请患者按照自身感觉绘制能量曲线。

接下来为读者们介绍两位咨询者的情况以及他们的病情记录表。通过实际案例，你或许能对抑郁症的恢复有所了解。

案例：公司职员 G（男性，52 岁）

G 找到我们做心理咨询，是在 X 年的 10 月份。

当时，G 第二次停职已经过了 6 个月，但病情恢复情况并不如意，他害怕这样下去再也无法复工，十分焦虑不安，便前来咨询。

G 曾是工业零件制造公司的营业课课长，前来咨询的 4 年前，他开始负责公司的海外业务发展工作。

然而，在新工作中失误频出，令 G 焦头烂额，再加上时差问题，他开始失眠、食欲不振，且头痛严重，焦躁难忍。为了助眠，他开始喝酒，饮酒量也越来越大。G 有一定英语能力，但他却逐渐听不懂外国客户的电话内容，回不上话来，甚至开始害怕听到电话铃声。

而就在这时，G 的父亲因肺癌住院约 1 年后去世了，因为葬礼的事，他与妻子和母亲的关系也越来越差。

工作频频出错，G 常常梦到自己被上司责骂而半夜惊醒，轻生的念头也越来越强。

X-3 年 11 月，G 企图在自家厕所上吊自杀，被妻子发现并送往医院，确诊为抑郁症，之后便开始住院接受药物治疗，工作也暂时停止。

住院大约 1 个月后，G 转为居家休养，他感觉自己病情好转，又一直挂念工作的事，便于 X-2 年 3 月复工，回到职场。业务繁忙时期自己却因病缺勤，G 感到十分愧疚。由于之前没能好好处理英文工作电话，他开始利用下班后和休息日的空闲时间参加英语会话班。

工作总算能顺利进行了，可 G 每天回家后便什么都不想做，吃了药也依旧失眠，没有食欲。他感觉自己的抑郁症似乎又加重了，必须赶紧做点什么调整过来，结果愈发焦虑，更加难以入睡。

就在这时，日本某地发生了地震。

幸运的是，G 住的地区离震源较远，并未受到影响。可他看着新闻，看着那些志愿者援助灾区的影像，心中的自责感不断变得强烈："为什么自己什么都做不了？"他感到自己一无是处。

针对 G 这种状态，主治医生判断他需要再次停止工作。就这样，G 开始了第二次停职。

与第一次停职不同，这次 G 一直居家休养，空有大把时间却不知如何度过。偶然间，他发现了一款感兴趣的网络游戏，便以此来打发时间，但不知不觉中，他甚至开始牺牲睡眠时间去打游戏，自然也没能好好休养。

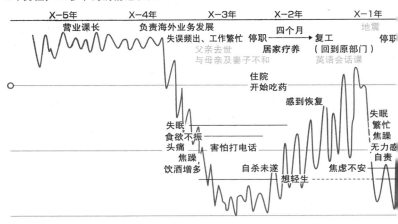

G（男性，52 岁）的病情记录表

到了第 6 个月，G 开始担心这样下去无法复职，决定接受心理咨询。

了解到 G 的情况，我们首先建议他戒掉网络游戏，改善睡眠，保证进食，把改善身体状况作为首要目标。

一开始，G 还因为白天无所事事而怀有罪恶感，但当他掌握了正确的休息方法后，睡眠质量逐渐提高。觉睡好了，食欲自然也开始回复，一日三餐都能够正常进食，焦躁感、倦怠感逐渐褪去，头痛症状也改善了许多。

停职一年后，G 已经能够回公司上班了。他的工作也

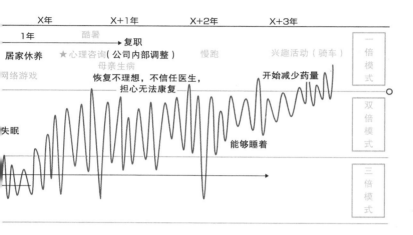

从之前繁忙的部门调配到了节奏更慢的岗位。

　　G 不愿再次回到抑郁状态，复职后每个月仍会来进行一次心理咨询，我们也在他生活中的许多关键时刻为他提供建议。

　　比如，G 复职那年的夏天酷热难忍，而 G 的体力已经不如从前，医生便提醒他注意预防中暑。G 得知母亲生病，情绪低落，我们向他讲解了该疾病的成因与应对措施。由于母亲的病情迟迟没有好转，G 对主治医生和使用的药物都产生了不信任感，我们也为他详细说明了治疗方案和恢复过程，等等。

G 复职两年后，身体状况逐渐稳定，为了增强体质他开始慢跑。但由于体内的能量尚未完全恢复，G 因此大受打击。我们向他说明了事态原因，告诉他身体能量仍在储存阶段，G 充分理解了这一点，心态逐渐稳定下来。

此后 G 开始注意控制自己每天的能量消耗，维持在70% 以内，根据恢复情况慢慢增加活动量。第二次复职 3年后，他的用药量开始减少，也能够做自己喜欢的活动，骑车出门游玩了。

案例：公司职员 H（女性，32 岁，独居）

H 接受心理咨询是在 X 年 7 月左右。当时她在工作中频频出错，担心这样下去不得不辞职，上司便推荐她去做心理咨询。

X 年 4 月，H 从原行业转行到服装业，担任公司总务。由于她在上一家公司也是相同职位，所以工作上手很快，也没出过什么差错。同年 5 月，黄金周刚销假，一位公司前辈突然因病辞职。因为 H 负责的业务比其他同事少，刚进公司时上手也快，于是那位前辈留下的工作几乎全都压在了她的身上。

前辈辞职时并没来得及交接，H 只能向身边同事或是其他部门的人询问业务内容，工作进展缓慢。直到回过神来她才发现，自己每天都在 23 点后才到家，一个月下来已经加班了 80 多个小时。

6 月，H 开始觉得肩膀僵硬、常犯恶心、食欲不振，难以入睡。她感到身体沉重，连从被窝里爬出来都要费一番力气，工作失误也越来越多。她总担心自己再次出错、被人责骂而心绪不宁，并且越来越觉得自己一无是处，总给部门同事添麻烦。在车站等车时她甚至会想："只要往前走一步被车撞死，就再也不用去公司了。"

H 的状态已经表现出多种抑郁症状，还抱有轻生念头，医生确诊其为"适应障碍"，建议她停职 3 个月回家休养，她便回到了老家。

H 的性格认真，做事严谨，言出必行，做什么都摸着石头过河，十分谨慎。这样的性格听起来不够圆滑，容易产生压力，但其实这种性格对抑郁症的恢复颇有裨益。

H（女性，32 岁）的病情记录表

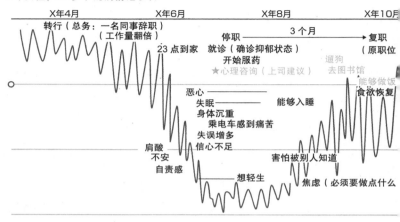

正如前文所介绍的那样，许多人罹患抑郁症后会产生强烈的焦虑与不安，无法有效休息。而 H 了解到自己的抑郁症与疲劳累积有关后，便严格遵守医嘱。每天睡够 9 小时，不看与工作相关的资料。

这对 H 的病情恢复颇有帮助，停职 1 个月后，H 便能够顺利入眠，精神也好了许多。停职 2 个月后，得益于生活节奏的调整，H 开始能够出门遛狗，或是去图书馆阅读了。停职的第 3 个月，H 的食欲恢复，并且已经能够自己做饭。

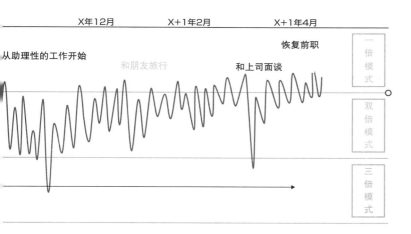

　　同年 10 月，H 回到职场。上司顾及她的情况，让她在原来的部门先做一些助理性工作。这期间她还坚持向医生和心理咨询师进行咨询。工作量也逐步增加。

　　虽然 H 也曾因为想要快点回到职场，弥补落下的工作而感到焦虑。但得益于她"摸着石头过河"的谨慎性格，她从未勉强自己，而是逐步恢复。复职 3 个月后，H 已经可以和朋友一起去附近的温泉，享受两天一夜的假期了。

复职半年后，H回到了原来的岗位，前辈留下来的工作也得到了合理的分配，H也不再需要承担过重的工作压力了。

像这样，将患者每个时期经历的事件、症状以及能量变化情况做成病情记录表，这样一来无论是患者本人还是身边的人，都能够直观看到患者的经历，肯定患者做过的努力，理解患者的境遇。

此外，制作病情记录表还能让患者注意控制自身能量消耗，主动思考应该如何储存能量。

专栏：　制作一份病情记录表

通过病情记录表来思考抑郁症

接下来让我们实际制作一份病情记录表吧！通过这张表格，患者本人和家属都能够了解迄今为止的病程和当下所处的阶段。

不过对许多患者而言，过去的经历都是一种心灵创伤，回忆过去也会消耗患者的能量。请在能够与患者沟通的时候制作表格，不要勉强他们。

记录下何时发生了何事

首先，请你写下患者的经历。有些事情可能发生过不止一次，这时请不要省略，详细地记录下每次事件发生的年、月、日。

	是	年月日		是	年月日
配偶去世			负债 5 万元以上		
离婚			负债 5 万元内		
分居			存款减少		
坐牢			工作职责改变		
近亲去世			子女独立		
伤病			与亲戚发生纠纷		
结婚			家人遭遇伤病		
失业			配偶上班 / 离职		
离婚调解			生活节奏改变		
怀孕			与上司不和		
性功能障碍			工作环境变化		
增添家庭成员			社会活动变化		
新工作			睡眠状况改变		
家庭收入减少			同居人变化		
好友去世			饮食习惯改变		
跳槽			轻度违法		
取得个人成功					
入学 / 毕业					
习惯改变					
搬家					
转学					
兴趣改变					
宗教信仰改变			工作失误		
长假			手机损坏		

※ 该表格根据本书第 177 页的压力评分表制成。

※ 该表格仅供参考。只要是令人感到身心疲劳的事件都可以记录,如
  工作失误、手机损坏等。

220

●心理发生的5个变化

1．无力感（丧失自信）
·
·

2．自责感（负罪感）
·
·

3．社交恐惧和易怒
·不敢直视他人：X年10月至今

4．不安、焦虑、后悔
·
·

5．产生轻生的想法
·
·

●身体发生的5个变化

1．失眠（嗜睡）
·
·

2．食欲不振（暴食）
·
·

3．疲劳感（负担感）
·
·

4．停止思考
·
·

5．身体不适
·头疼：X年8月－12月
·

记录出现抑郁症状 5+5 的时期

当患者出现"抑郁症状 5+5"时，你需要记录症状的开始时间和持续时间。在这一阶段，患者可能会因为记不清症状或事件的具体日期而感到无力和自责。这时，只需要大致记录到哪年哪月即可。

此外，需要注意的是，抑郁症状存在波浪。5+5 症状可能每隔一段时间就会反复，有时症状还会持续，并且程度不断发生变化（有强有弱）。

例如，当患者头疼时，要在右侧表格的"5. 身体不适"一栏记录下症状（头疼）及持续时间（从何时到何时）。当患者害怕他人的视线时，则在左侧表格的"3.社交恐惧和易怒"一栏中记录症状及持续时间。

制作病情记录表

请你将已经记录的事件和症状，分别填入一倍模式、双倍模式和三倍模式的空栏中，制作病情记录表。

如果不清楚应该归类为哪个模式，请参照本书第54～60页关于疲劳阶段的说明。

然后，将表格最右端视为"现在"，按照时间顺序从右向左、向过去推移。可以参照本书第212、213和216、217页的表格。

最后，根据记录的事件和症状画出能量曲线，患者本人及其家属可以通过曲线从视觉上直观了解病情。如果事件对患者影响较大（造成疲劳较多）曲线就向下落，如果有所恢复则向上升。

○年△月　　○年△月　　○年△月　　○年△月　　现在

一倍模式

双倍模式

三倍模式

223

后　记

本书介绍了有关抑郁症的知识和实用有效的应对措施。

在实际治疗中，即使我们把书上的内容告诉了患者，患者及其家属往往还是会把注意力集中在解决表面问题上，或是想要改变患者的性格。

在抑郁状态下，患者会精力耗尽，感到疲惫不堪，无法控制不安和焦虑，难以建立自信。如果在这种状态下，只想着不断努力去解决眼前的问题或改变自己，身体里的能量就无法恢复，而这正是导致抑郁的原因。

患者家属经常会试图改变患者的行为和性格，但改变这些不可改变之事，反倒会给患者带来痛苦，进而成为他们感到自己无人理解、孤立无援的原因。

事情为什么会这样发展呢？

这是因为一直以来，患者及其家属都接受了一套这样的社会规范：有问题就去解决，有痛苦就要忍耐。

这种想法是健康的人取得成功的秘诀。

但在抑郁状态下，人的身体和心灵都不会像我们想象中的那样工作，只能发挥最低限度的作用。连"累了就休息"这种正常行为，都会使患者产生不安和罪恶感。

我们在书中反复地强调，抑郁是一种疲劳状态，只要休息好就能恢复。这个道理谁都懂，以至于你可能认为它不是一条十分重要的建议。但这正是从抑郁中解脱出来的根本方法。并且，对许多抑郁症患者而言，抑郁症状的存在会使"休息"这件事变得格外困难。

但愿此书可以成为一个罗盘，为正在和抑郁的痛苦做斗争的患者，以及在他们身边提供支持的人们指引方向。

著　者

Original Japanese title: KAZOKU GA "UTSU" NI NATTE, FUAN NA TOKI NI YOMU HON

Copyright © Sota Shimozono, Rika Maeda 2022

Original Japanese edition published by Nippon Jitsugyo Publishing Co.,Ltd.

Simplified Chinese translation rights arranged with Nippon Jitsugyo Publishing Co.,Ltd.

through The English Agency (Japan) Ltd. and Shanghai To-Asia Culture Co., Ltd.

北京市版权局著作权合同登记　图字：01-2023-1024 号。

图书在版编目（CIP）数据

我的家人抑郁了 /（日）下园壮太，（日）前田理香著；宋佳璇译 . —北京：机械工业出版社，2024.1

ISBN 978-7-111-74958-5

Ⅰ . ①我⋯　Ⅱ . ①下⋯ ②前⋯ ③宋⋯　Ⅲ . ①抑郁－心理调节－通俗读物　Ⅳ . ① B842.6-49

中国国家版本馆 CIP 数据核字（2024）第 033663 号

机械工业出版社（北京市百万庄大街 22 号　邮政编码 100037）
策划编辑：刘　岚　　　　　责任编辑：刘　岚
责任校对：肖　琳 李小宝　责任印制：刘　媛
唐山楠萍印务有限公司印刷
2024 年 4 月第 1 版第 1 次印刷
128mm×182mm · 7.5 印张 · 106 千字
标准书号：ISBN 978-7-111-74958-5
定价：69.80 元

电话服务　　　　　　　　网络服务
客服电话：010-88361066　机 工 官 网：www.cmpbook.com
　　　　　010-88379833　机 工 官 博：weibo.com/cmp1952
　　　　　010-68326294　金 书 网：www.golden-book.com
封底无防伪标均为盗版　机工教育服务网：www.cmpedu.com